química

em questão

Alfredo Luis Mateus
Professor adjunto do Colégio Técnico da UFMG

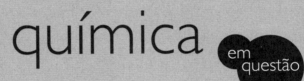

Organização
Nísia Trindade Lima

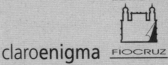

Copyright do texto © 2012 by Alfredo Luis Mateus
Copyright das ilustrações © 2012 by Mariana Newlands
Copyright da foto da página 94 © 2012 by Latinstock/ Corbis/
Tibor Bognar
Copyright das fotos © 2012 by Alfredo Luis Mateus

*Grafia atualizada segundo o Acordo Ortográfico da Língua Portuguesa
de 1990, que entrou em vigor no Brasil em 2009.*

CAPA E PROJETO GRÁFICO
Mariana Newlands

PREPARAÇÃO
Maria Luísa Rangel

REVISÃO
Ana Luiza Couto
Isabel Jorge Cury

Dados Internacionais de Catalogação na Publicação (CIP)
(Câmara Brasileira do Livro, SP, Brasil)

Mateus, Alfredo Luis
    Química em questão / Alfredo Luis Mateus ; organização
Nísia Trindade Lima. — 1ª ed.— São Paulo : Claro Enigma ; Rio de
Janeiro : Editora Fio Cruz, 2012.

    ISBN 978-85-8166-016-5 (Claro Enigma)

    1. Química I. Lima, Nísia Trindade. II. Título.

12-11019   CDD-540

Índice para catálogo sistemático:
1. Química   540

1ª reimpressão

[2013]
Todos os direitos desta edição reservados à
EDITORA CLARO ENIGMA
Rua São Lázaro, 233
01103-020 — São Paulo — SP
Telefone: (11) 3707-3531
www.companhiadasletras.com.br
www.blogdacompanhia.com.br

sumário

QUÍMICA OU NÃO, EIS A QUESTÃO, *7*

1. Radioatividade: explorações do invisível, *13*

2. Design molecular e a química medicinal, *44*

3. Materiais, design e produtos, *75*

4. Nós não queremos mais produtos!, *117*

SUGESTÕES DE ATIVIDADES, *151*

AGRADECIMENTOS, *161*

REFERÊNCIAS BIBLIOGRÁFICAS, *163*

química ou não, eis a questão

Ao ler o título desta introdução, podem ter surgido várias interpretações para você. Talvez tenha pensado em "devo estudar química ou não, eis a questão". Se você está na escola, bom, talvez vá estudar química apenas para ser aprovado no final do curso. Mas, para além da escola, para aquilo que você quer guardar e levar ao longo da vida, será que a química tem algo a oferecer?

Certamente conhecer mais como a química funciona, e onde ela está presente, irá ajudá-lo a ser alguém mais antenado com o mundo atual, em que ciência e tecnologia são cada vez mais importantes, mesmo que você não trabalhe com nada diretamente ligado à química. E este livro foi escrito com este objetivo: mostrar a química para não químicos (embora os químicos provavelmente achem muita coisa interessante nele também).

Outra maneira de olhar para o título desta introdução é pensar na seguinte pergunta: "Vai querer com química ou não?". Explico: muitas pessoas não encontram problema ao ler, em uma embalagem qualquer, uma frase como "produto natural, sem química". Porém, em se tratando de químicos, todos odeiam que se fale que algo não tem química — essa é uma briga antiga. Se você quer deixar um químico bravo, pode falar algo do gênero; é garantido. Pior que chamar astrônomo de astrólogo.

Tal confusão talvez tenha surgido por ser comum vermos a palavra "química" sendo usada como sinônimo de aditivos químicos artificiais, certamente com a ideia de que tal aditivo é prejudicial à saúde. Deve haver inúmeras explicações para o motivo de essa visão limitada da química ser algo tão difundido e arraigado. Na minha experiência em conversas e aulas, não adianta dizer que existem venenos *naturais* e remédios *artificiais*: a ideia de que o natural é melhor sempre vence. Talvez parte da culpa deva recair sobre a linguagem usada pelos químicos, que, de tão fechada, não inspira confiança. Ao ler o rótulo de um alimento, você pode encontrar, por exemplo, o "ácido ascórbico" como um dos ingredientes. Se você recusar o produto por causa desse aditivo, ficará sem a vitamina C, o nome mais popular do "ácido ascórbico". Será que a vitamina C da laranja é diferente da produzida em laboratório, ou elas seriam as mesmas moléculas, com as mesmas propriedades? Pensando nisso, conclui-se que até podemos escolher entre produtos *naturais* ou *artificiais*, mas nunca sem química.

Agora, voltando ao título: se a pergunta for "devemos usar a química ou não, eis a questão", você talvez esteja pensando nas questões ambientais associadas às atividades humanas que se valem da química negativamente. A formação da chuva ácida, a contaminação da água e do ar por resíduos industriais, a destruição da camada de ozônio por poluentes, o uso de agrotóxicos (ou seriam defensivos agrícolas?), o aquecimento global... A lista de problemas é enorme. Por outro lado, a lista dos produtos obtidos por meio da química que trazem benefícios para a vida das pessoas todos os dias também é enorme. Essa aparente dicotomia, sem dúvida, é também uma questão complexa, especialmente porque a química não realiza suas atividades sozinha, e sim como parte da sociedade atual, com todas as vantagens e os problemas que tal responsabilidade traz.

O importante é pensar o seguinte: qualquer que seja seu modo de colocar a química em perspectiva, leve-o a sério. É justamente isso que queremos que você faça. Que, ao ler este livro, pense, critique, concorde, discorde, duvide, pesquise, enfim, *converse* sobre química.

Química em questão explora vários aspectos da química e da sua utilização. Nos capítulos seguintes você encontrará inúmeros exemplos que a mostram em ação, ilustrando como se dá o pensamento químico. Além disso, descrevemos vários experimentos simples que você pode fazer em casa ou na escola e, no final do livro, damos sugestões de atividades complementares que ampliam as possibilidades de aprendizado.

No capítulo 1, percorremos a história da radioatividade, investigando o que moveu os cientistas a procurar explicações para fenômenos até então nunca observados. É muito interessante perceber como eles foram fisgados por esse assunto e como se pôde chegar longe com tais estudos. Esse assunto, inclusive, foi o tema do trabalho de pós-doutorado que realizei com o professor Paulo Porto, do Instituto de Química da USP, que pesquisa a história da química. Aqui, além de abordar a parte histórica, discutimos um pouco sobre alguns dos mitos relacionados à radioatividade. Será que os materiais radioativos brilham no escuro? A radioatividade é um fenômeno artificial, produzido nos laboratórios e reatores nucleares?

O segundo capítulo trata da química medicinal, e do modo como funciona a busca de um novo medicamento. Um dos motivos que levaram à escolha desse tema foi sua relevância em nossa vida. Um professor certo dia me disse que se lembrava da importância da química toda vez que ia ao dentista: ele imaginava como seria o procedimento sem a anestesia. Pensando nesse alcance, o trabalho de isolar substâncias a partir de plantas, descobrir suas estruturas e posteriormente testá-las como possíveis remédios é algo fascinante. É uma busca sem nenhuma certeza de sucesso, quase um pote de ouro no final do arco-íris.

No capítulo 2 também falamos sobre como a estrutura de uma molécula afeta suas propriedades e as interações que ela faz com suas vizinhas, e como esse conhecimento pode ser usado na seleção racional de moléculas candidatas a um medicamento.

Em seguida, investigamos a química dos materiais que são usados nos produtos que consumimos. Químicos criam ou modificam materiais e designers usam esses materiais para criar produtos. Conhecer e poder modificar as propriedades de tais materiais é fundamental para criar novos produtos. É possível fazer um papel que não absorve água? No que ele pode ser usado? E se eu quiser, ao contrário, um papel muito absorvente? Bioplásticos, compósitos e materiais inteligentes são alguns dos tópicos abordados no capítulo 3, e mostram como a pesquisa nesse campo é atual e incessante. Os novos materiais que estão sendo imaginados hoje certamente estarão nas prateleiras num futuro próximo.

Mas no momento em que tanto a química como o design valorizam exclusivamente o produto final, sem pensar nos impactos ambientais, um grande número de problemas aparece. O último capítulo discute os esforços para criar uma abordagem que inclua as questões ambientais na etapa de planejamento dos processos químicos e da manufatura de produtos. Esses dois capítulos são frutos da colaboração com a ecodesigner Águida Zanol e com a professora Andréa Horta Machado. Foram muitas conversas sobre química, design, ciclo de vida, produto sustentável, consumo consciente e muito mais, para pensar em questões como "Será possível saber qual é a melhor opção de um produto pensando em seus impactos ambientais?" ou "Poderíamos criar processos que não gerem resíduos, em vez de precisarmos criar alternativas para tratá-los?".

Espero que o conteúdo deste livro consiga atingir alguns dos objetivos colocados pela Unesco para o Ano Internacional da Química (2011). Com o lema "Química para um mundo melhor", a comemoração espera contribuir para uma reflexão sobre o papel dessa ciência na criação de um mundo sustentável, além de celebrar seus avanços e o centenário do prêmio Nobel de Marie Curie.

Uma velha piada diz que "químicos têm soluções"; no entanto, espero que, após ler *Química em questão*, mais do que respostas, vocês encontrem muitas perguntas.

1. radioatividade: explorações do invisível

Passaram-se mais de cem anos desde que os primeiros experimentos com materiais radioativos foram feitos. Diferentemente de outros fenômenos, a radioatividade não apenas não havia sido explicada até então como também seus efeitos nunca haviam sido observados até os testes de Henri Becquerel, em 1896. Nesses cento e poucos anos, saímos da completa ignorância para vivenciarmos diversas etapas: uma primeira em que predominava a curiosidade científica, seguida por uma caracterizada por esperanças exageradas, depois por um terror justificado e finalmente chegamos a uma época em que as reações diante da radioatividade são bem complexas. Neste capítulo, vamos falar um pouco dessa história que teve — e continua a ter — um impacto enorme em nossa vida.

A radioatividade passou tanto tempo sem ser notada simplesmente porque nossos sentidos não são capazes de perceber o tipo de radiação emitida por materiais como o urânio. Coloque um frasco contendo um sal de urânio ao lado de um contendo sal de cozinha, por exemplo, e nada lhe dirá que um deles está emitindo partículas de alta energia. O mesmo acontece no caso de uma simples banana: nada nos diz que ela contém um isótopo radioativo de um elemento (o potássio-40). Assim como não temos como saber que o nosso corpo é atravessado por partículas e radiação eletromagnética milhares de vezes por segundo.

É claro que a falta de percepção exata dos fenômenos não é algo exclusivo da radioatividade. Praticamente tudo que está relacionado com o mundo atômico é baseado em inferências, construções que, partindo de observações macroscópicas, nos levam a montar modelos, feitos sem visualizações diretas do que está ocorrendo. Essa é, na verdade, a base de toda a ciência. Podemos medir uma propriedade de uma substância, ou a densidade de um pedaço de ferro. Porém, para explicar por que o ferro tem aquela densidade, a conversa ocorre em um nível completamente diferente. Temos de pensar em átomos de ferro, sua massa e sua disposição em relação a átomos vizinhos. E essa explicação é baseada apenas em modelos.

A história de como criamos imagens sobre o invisível, no caso dos átomos e suas partículas, é fascinante. Essa é também a história de como se criaram maneiras de "enxergar" e medir algo fora do alcance dos nossos sentidos. Vamos ver, em seguida, como essas técnicas evoluíram com o tempo.

A DESCOBERTA DA RADIOATIVIDADE

Sorria e diga "X"

Por volta de 1850, uma segunda Revolução Industrial estava em curso. Enquanto a primeira ocorrera baseada nos avanços dos motores a vapor, da produção de ferro e da indústria têxtil, a segunda teve como marcos a produção de aço, os avanços com a eletricidade, as estradas de ferro e os grandes progressos na química. Foi nesse período que nasceram as primeiras indústrias químicas, para produzir corantes a partir do alcatrão.

Enquanto isso, vários cientistas estavam interessados em entender como acontecia a condução de eletricidade em gases. Utilizando tubos de raios catódicos — ampolas de vidro, semelhantes a lâmpadas, com pressão interior reduzida a partir do uso de bombas de vácuo, recheadas com eletrodos metálicos —, cada um experimentava técnicas e condições diferentes em seus estudos. O inglês J. J. Thomson se beneficiou de melhorias na tecnologia de vácuo e, em suas investigações, pôde chegar à pressões na ordem de 10^{-6} atm. Nessas condições, ao ligar os eletrodos a uma fonte de alta-tensão ele observou que as paredes de vidro do tubo que estavam no lado próximo ao eletrodo positivo emitiam luz, e não o gás em seu interior, como era observado em pressões mais altas.

Na Alemanha, em 1895, Wilhelm Roentgen também realizou experimentos com descargas elétricas em tubos de vidro. Ele utilizou um tubo com um vácuo especialmente bom e se preparou para realizar alguns testes em uma sala escura. Roentgen cobriu a ampola de vidro com um papel preto, tentando descobrir se os raios catódicos poderiam sair do tubo. No escuro, notou que uma placa coberta com material fosforescente brilhava fracamente do outro lado da sala. Ele sabia que os raios catódicos, já conhecidos, não se propagavam no ar. Sabia ainda que a radiação ultravioleta, que também fazia com que o material fosforescente emitisse luz, não atravessaria o papel preto. Então o que é que estaria saindo do tubo de raios catódicos, atravessando o papel preto e chegando à placa fosforescente? Roentgen passou os dias seguintes investigando os novos raios, que podiam atravessar objetos sólidos e marcar chapas fotográficas. Ele os chamou de raios X. Com eles produziu as primeiras radiografias de ossos humanos, e em pouquíssimo tempo a técnica se espalhou por toda a Europa e os Estados Unidos. Em 1901, recebeu o primeiro prêmio Nobel de física.

Para os parâmetros de segurança de hoje, é incrível pensar que muitos cientistas trabalharam com tubos em condições semelhantes a Roentgen e ficaram expostos aos raios X sem se darem conta de seus efeitos ou mesmo de sua existência. Na febre que se seguiu à divulgação dos raios X, pessoas tiravam fotos dos seus ossos na rua, por pura diversão.

Logo após os experimentos de Roentgen, Thomson publicaria seus resultados sobre os raios catódicos, propondo tratar-se de partículas, a que chamou de corpúsculos — são os elétrons de hoje. Ele mediu a sua massa, chegando a um valor muito menor que o do mais leve dos átomos (o hidrogênio). O trabalho de Thomson provou a existência de partículas subatômicas, quebrando a ideia de que um átomo seria indivisível.

O experimento de Becquerel

Após Roentgen publicar seus estudos com os raios X, muitos cientistas na Europa começaram a tentar reproduzir seus experimentos e a realizar novas investigações. Henri Poincaré, físico e matemático francês, observou que, de acordo com Roentgen, a região do tubo de raios catódicos que emite os raios X é aquela onde o vidro se torna fluorescente. Mas qual seria a relação entre a fluorescência do vidro e a emissão dos raios X? A hipótese de Poincaré foi a de que, além de emitir luz visível, ao fluorescer, o vidro emitia raios X. Outro físico francês, Antoine Henri Becquerel, resolveu testar essa hipótese. Para isso ele escolheu utilizar compostos de urânio, que são fluorescentes e com os quais já havia trabalhado.

Um composto de urânio iluminado com luz comum. Na foto à direita, o mesmo composto fluoresce ao ser exposto à luz ultravioleta, no escuro.

Experimento: *Fluorescência*

O que era essa tal de fluorescência dos compostos de urânio usados por Becquerel? Vamos fazer um experimento para verificar mais de perto como ela funciona.

MATERIAL

Lâmpada de luz negra
Luminária adequada para a lâmpada
Sabão em pó
Caneta marca-texto amarela
Notas de dinheiro, documentos, ingressos

MÃOS À OBRA

Coloque a lâmpada de luz negra na luminária, acenda e observe a luz emitida. Em seguida, escreva com a caneta marca-texto em uma folha de papel. Desmonte a caneta e coloque um pequeno pedaço do feltro que contém sua tinta em um copo com água. Depois, coloque um pouco do sabão em pó em um pires e uma outra porção em um copo com água. Escureça a sala e aproxime esses materiais e os demais da lista acima da lâmpada de luz negra, ligando e desligando-a. Observe onde aparecem marcas brilhantes.

O QUE ESTÁ ACONTECENDO?

A lâmpada de luz negra é uma fonte de luz ultravioleta. Quando alguns materiais são iluminados por ela, emitem luz visível. Assim que desligamos a lâmpada, podemos ver que a luz emitida cessa. Esse fenômeno é chamado de fluorescência. Ao receber a energia da luz ultravioleta, os elétrons do material vão para um estado de maior energia. Ao retornar para seu estado anterior, eles liberam o excesso de energia na forma de luz visível.

O sabão em pó e muitos outros produtos de limpeza contêm um corante fluorescente que emite uma luz azulada. O corante é adicionado à fórmula para dar uma aparência mais branca à roupa, sendo chamado de branqueador ótico. Mesmo que o tecido esteja amarelado, a luz azul emitida pelo corante dá a impressão de que ele está mais branco. Em festas com iluminação semelhante, as roupas brancas brilham, levemente azuladas.

Vimos que os raios X de Roentgen eram capazes de marcar um filme fotográfico, mesmo que para isso eles precisassem atravessar folhas de papel preto. Era natural pensar que, se a fluorescência do urânio marcasse um filme nas mesmas condições, ela seria de um tipo similar aos raios X. Assim, Becquerel colocou uma chapa fotográfica em um envelope de papel preto bem espesso, de modo que nenhuma luz pudesse atingi-la. Sobre o envelope fechado, colocou sal de urânio cristalizado na forma de placas. O material foi exposto ao sol por algumas horas. E por que deixar a montagem no sol? Porque a luz solar é capaz de causar a fluorescência do sal de urânio e assim, se a hipótese de Poincaré estivesse correta, haveria emissão de raios X, que atravessariam o papel preto e marcariam a chapa fotográfica.

Após revelar a chapa, Becquerel percebeu que havia marcas no formato dos cristais gravadas no filme. Aparentemente, a fluorescência do urânio havia de fato marcado o filme. Becquerel resolveu repetir o experimento, mas nos dias seguintes o tempo ficou nublado. Ele guardou a montagem em uma gaveta fechada, no escuro, do mesmo jeito que ela estava: com o urânio sobre o envelope contendo o filme. Como o sol não apareceu por alguns dias, ele resolveu revelar a chapa que havia ficado muito mais tempo próxima ao urânio do que a anterior, mesmo que no escuro. Becquerel esperava que a chapa estivesse pouco marcada, mas a revelação mostrou marcas muito mais nítidas que a anterior, que havia ficado exposta ao sol.

Esse resultado era realmente surpreendente... Como pudemos comprovar no experimento, a fluorescência só ocorre enquanto a fonte de luz negra está ligada, cessando assim que a desligamos. Se o urânio ficou no escuro, de onde veio a energia que causou a emissão de radiações e marcou o filme? Parece que temos um caso de energia vinda do nada!

À esquerda, uma reprodução do experimento de Becquerel, com o minério de urânio colocado sobre filme preto e branco parcialmente coberto por uma placa de alumínio. À direita, o seu resultado, com o filme marcado apenas no contorno do frasco.

Becquerel não conseguiu interpretar o resultado desse experimento. Ele verificou ainda que outros compostos de urânio e o urânio metálico, que não são fluorescentes, também marcavam o filme. Mas, para resolver tal enigma, era necessário ir um pouco além da ideia de fluorescência. É aí que Marie Curie entra em cena.

AS DESCOBERTAS DE MARIE CURIE

Marie Curie nasceu em 1867, na Polônia. Deixou seu país para estudar física em Paris, onde se graduou em 1893. Em 1895, casou-se com Pierre Curie, professor na Escola Superior de Física e Química Industrial de Paris. Em sua tese, Marie resolveu estudar os raios de Becquerel, que, embora fossem muito mais fracos e menos populares que os raios X de Roentgen, lhe pareceram ser um desafio interessante.

Em 1898, ela testou diversos elementos conhecidos na época e descobriu que o tório também emitia radiações similares às do urânio. Para Marie, a radiação emitida era uma propriedade do elemento, algo inerente ao átomo, e não a um processo como a fluorescência. Ao medir a radiação emitida pelos minérios de urânio, percebeu que eles emitiam uma radiação maior do que a dos compostos purificados de urânio:

Dois minerais de urânio, pechblenda (um óxido de urânio) e chalcolita (fosfato de cobre e uranila), são muito mais ativos do que o próprio urânio. Esse fato é impressionante, e sugere que esses minerais podem conter um elemento muito mais ativo que o urânio. Eu preparei chalcolita dos reagentes puros de acordo com o procedimento de Debray; essa chalcolita artificial não é mais ativa do que outros sais de urânio.*

Ela resolveu separar e isolar esse novo material do minério. O problema é que ele ocorria em quantidades muito pequenas. Marie e Pierre esperavam que estivesse presente numa quantidade de 1% do minério, no máximo, porém, na verdade, descobriram que representava apenas 0,00001%. Para isolar 0,1 g desse novo elemento, o rádio, eles trabalharam com uma tonelada de minério. Imagine quebrar o minério, dissolver, cristalizar, filtrar, redissolver... tudo com porções enormes de materiais e tendo de repetir, repetir e repetir até trabalhar toda aquela grande quantidade de minério.

Em sua palestra na cerimônia de entrega do prêmio Nobel, em 1911, Marie Curie explicou esse trabalho:

> O primeiro tratamento consiste em extrair o bário contendo rádio e o bismuto contendo o polônio. Esse tratamento, que foi primeiro realizado no laboratório com vários quilogramas do material inicial (chegando a 20 kg), teve então de ser realizado em uma fábrica devido à necessidade de processar milhares de quilogramas. Na verdade, nós aos poucos aprendemos que o rádio está presente no material inicial na proporção de poucas decigramas por tonelada. [...]

---

* CURIE, Marie. *Comptes rendus de l'Académie des Sciences de Paris*, v. 126, 1898, pp. 1101-3.

Para separar o rádio do bário eu usei um método de cristalização fracionada do cloreto (o brometo também pode ser usado). O sal de rádio, menos solúvel que o sal de bário, se torna concentrado nos cristais. Fracionar é uma operação demorada e metódica que gradualmente elimina o bário. Para obter um sal muito puro, eu tive de realizar vários milhares de cristalizações. O progresso da fracionação é monitorado pela medida da atividade.*

O processo desenvolvido por Marie Curie utilizava uma propriedade que varia conforme cada substância: a solubilidade. A solubilidade é a quantidade máxima que conseguimos dissolver de um composto em uma determinada quantidade de solvente, a uma certa temperatura. Talvez você já tenha reparado que, ao colocar açúcar no café, se exagerar na dose, uma parte do açúcar fica no fundo da xícara. Isso quer dizer que existe um limite a partir do qual o composto não dissolve. Agora imagine que você dissolveu sal na água. Se a água evaporar, chega um momento em que não temos mais solvente suficiente para dissolver aquela quantidade de sal e ele começa a se cristalizar.

O que Marie queria fazer era pegar a mistura de dois compostos, dissolvê-los em água e depois deixá-la evaporar. O composto menos solúvel cristalizaria primeiro, pois naquela quantidade de água ele não se dissolveria mais. O mais solúvel permaneceria em solução e poderia ser separado.

* Marie Curie, no discurso intitulado "Radium and the new concepts in Chemistry" ["O rádio e os novos conceitos em química"].

Parte da dificuldade vem do fato de a diferença entre a solubilidade do cloreto de rádio e a do de bário não ser tão grande assim. A solubilidade em água do cloreto de rádio é de 19,6 g em 100 ml e a do cloreto de bário é de 35,8 g em 100 ml, a 20 ºC. Mesmo que tivéssemos quantidades semelhantes dos dois sais, seria necessário realizar várias cristalizações para separá-los. Se temos muito pouco do menos solúvel, mais água tem de evaporar para atingir a concentração em que ele cristaliza. Assim, a cada cristalização, uma grande quantidade de sal de bário cristalizava primeiro e, em seguida, era a vez do sal de rádio.

Uma das características mais interessantes da separação realizada por Marie Curie foi o fato de ela usar a radioatividade para seguir o processo da separação. No início, a solução continha muito bário e pouquíssimo rádio. Foi então que ela mediu a radioatividade dessa solução utilizando um método eletrométrico. Nele, o material radioativo ioniza o ar entre duas placas metálicas carregadas. A corrente que aparece entre as placas é proporcional à intensidade da radiação, e pode ser medida com boa precisão. Quando o sal de rádio cristalizava, a radioatividade na solução diminuía. O rádio ficava concentrado nos cristais, que eram filtrados e separados da solução. Esse material era novamente dissolvido, e na cristalização seguinte um pouco mais de bário ficava em solução. Enquanto isso, o rádio ia aumentando em proporção nos cristais.

O resultado desse trabalho imenso foi a descoberta de dois novos elementos: o polônio e o rádio; esse último é produto do decaimento radioativo do urânio, e por isso está presente em quantidades tão pequenas no mineral. Os Curie não patentearam o processo, que começou a ser utilizado em escala industrial. Mas, mesmo passando da produção no precário laboratório de Marie para instalações industriais, a quantidade produzida ainda era muito pequena. Assim, em pouco tempo, o rádio valia mais de 3 mil vezes o seu peso em ouro. Pesquisadores de todo o mundo queriam estudar as propriedades desse raríssimo elemento. Marie Curie dividiu o prêmio Nobel de física de 1903 com seu marido, Pierre, e com Becquerel. Foi ela que cunhou o termo "radioatividade" para descrever a emissão de radiação pelo rádio. Em 1911, recebeu seu segundo prêmio Nobel, agora de química, "em reconhecimento aos seus serviços ao avanço da química pela descoberta dos elementos rádio e polônio, pelo isolamento do rádio e pelo estudo da natureza e compostos desse elemento extraordinário". Atualmente, o rádio e o polônio não possuem muitos usos, mas foram de fundamental importância para o avanço das pesquisas com a radioatividade.

O ano de 2011 foi escolhido como o Ano Internacional da Química em homenagem ao centenário da entrega do Nobel a Marie Curie. Pierre havia falecido em 1906, em um acidente com uma carruagem.

RUTHERFORD EXPLICA A RADIOATIVIDADE

Do outro lado do canal da Mancha, na Inglaterra, o pupilo mais brilhante de J. J. Thomson, Ernest Rutherford, começou a estudar as radiações do urânio em 1899, pouco tempo depois de Marie Curie ter descoberto que o tório emitia radiações como o urânio.

Rutherford mediu a radiação liberada por um composto de urânio através do método elétrico, desenvolvido por Pierre Curie. Era preciso carregar uma placa metálica eletricamente e, ao expor a placa ao material radioativo, medir a velocidade com que ela perdia a sua carga. Rutherford percebeu que, ao colocar placas de alumínio entre a fonte e o seu detector, parte da radiação era absorvida. Ele foi medindo a radiação que atravessava placas metálicas finas à medida que acrescentava mais placas.

Rutherford interpretou seus resultados com as seguintes palavras:

> Esses experimentos mostram que a radiação do urânio é complexa, e que estão presentes pelo menos dois tipos distintos de radiação — uma que é facilmente absorvida, que será chamada por conveniência de radiação alfa, e outra de caráter mais penetrante, que será chamada de radiação beta.

Quando posicionamos a primeira placa de alumínio, as partículas alfa não conseguem mais atravessar a barreira. Adicionar mais uma placa não altera a medida, pois as partículas beta conseguem atravessar várias placas com facilidade. Hoje sabemos que as partículas alfa são núcleos de hélio, com dois prótons e dois nêutrons. As partículas beta são elétrons, como os raios catódicos. Devido à sua pequena massa e menor carga, as partículas beta conseguem ser mais penetrantes que as partículas alfa.

Rutherford seguiu para o Canadá, para trabalhar na Universidade McGill, em 1898. Em 1900, Frederick Soddy também chegava à mesma instituição, como professor de química, e eles iniciaram uma parceria. Juntos, em 1902, publicaram um artigo com o título "A causa e a natureza da radioatividade".

O trabalho mostrava os resultados de uma detalhada investigação de compostos de tório, que iluminou questões conectadas com a fonte e manutenção da energia dissipada por substâncias radioativas. A radioatividade provou ser acompanhada de mudanças químicas nas quais novos tipos de matéria estavam sendo continuamente produzidos [...] A conclusão a que se chega é de que essas mudanças químicas devem ser de caráter subatômico.

Tal conclusão foi importante, pois mostrou que o átomo não é indivisível e imutável, e que o estudo da radioatividade poderia ajudar a desvendar sua estrutura. Soddy auxiliou Rutherford nas investigações sobre a química das "emanações" do tório. Hoje sabemos que elas são produzidas à medida que os átomos de tório emitem partículas e o elemento se transforma inicialmente em rádio e, em seguida, no gás radônio.

Na mesma época, no ano de 1903, William Crookes, um pioneiro na investigação da condutividade elétrica dos gases (estudo que levou ao desenvolvimento dos tubos de raios catódicos), inventou um aparelho que permitia observar os efeitos das partículas radioativas de uma maneira bem visual. O aparelho, com o belo nome de "espintariscópio" (cujo significado vem do grego "spintharis", que quer dizer faísca), consistia num tubo contendo, em uma das pontas, uma lente de aumento e, na outra, uma tela coberta por um material fosforescente como o sulfeto de zinco ativado. Ao se colocar uma amostra de material radioativo próximo à tela, era possível observar a emissão de luz proveniente do choque das partículas com a tela fosforescente. Cada ponto de luz correspondia a uma partícula emitida pelo material radioativo.

Experimento: Fosforescência

Para conhecer melhor a fosforescência, que é o fenômeno que está por trás do espintariscópio e dos brinquedos e objetos que brilham no escuro, basta realizar um experimento simples.

MATERIAL

Um brinquedo que brilha no escuro
Sala escura

MÃOS À OBRA

Ilumine o brinquedo por algum tempo. Apague a luz da sala e observe o que ocorre. Acenda a luz novamente. Cubra parte do brinquedo com a mão ou com um objeto opaco. Apague a luz e retire a mão do brinquedo.

O QUE ESTÁ ACONTECENDO?

O brinquedo iluminado brilha no escuro e mesmo depois de interrompermos a luz incidente vemos que o material continua emitindo luz por algum tempo. Por quê?

Brinquedos que brilham no escuro contêm um pigmento fosforescente — o mais usado é o sulfeto de zinco ativado por cobre, um material semicondutor que emite uma luz esverdeada. Todo o processo acontece nos elétrons, que, ao absorver energia, saltam para um nível de energia mais alto. Ao interromper a captação de luz, em vez de retornar imediatamente ao nível mais baixo, eles caem para um nível de energia da impureza de cobre, ficando presos em uma "armadilha". Eles têm de absorver energia térmica para poder voltar, e por isso a emissão de luz vai cessando lentamente.

Rutherford era um experimentalista formidável, sempre criando maneiras elegantes de arrancar o máximo de informações dos fenômenos investigados. Embora já tivesse várias indicações sobre a natureza das partículas alfa, ele queria encontrar uma maneira de provar, sem que restassem dúvidas, que ela correspondia aos átomos de hélio carregados eletricamente. Para isso desenvolveu um aparelho (descrito na ilustração da página seguinte) formado por dois cilindros: um de vidro fino contendo material radioativo, que emite partículas alfa, por dentro do outro, de vidro mais espesso. As partículas alfa atravessam o vidro fino e ficam retidas no cilindro de vidro mais espesso. Após algum tempo, enche-se o cilindro externo com mercúrio, forçando o gás para a parte superior. Lá, uma descarga elétrica faz os átomos emitirem luz. Analisando a luz, ele confirmou que haviam se formado átomos de hélio.

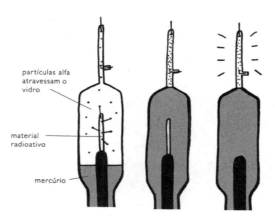

Equipamento de Rutherford para identificar o gás formado pelas partículas alfa.

Rutherford recebeu o prêmio Nobel de química em 1908, após ter retornado para a Inglaterra. Ainda assim, os experimentos que o tornariam ainda mais famoso só seriam realizados no ano seguinte, com a colaboração de Hans Geiger e Ernest Marsden. Geiger foi trabalhar com Rutherford logo após completar seu doutorado na Alemanha. Marsden ainda estava na graduação. O experimento consistia em bombardear uma finíssima folha de ouro com partículas alfa e acompanhar sua trajetória usando uma tela fosforescente móvel. Do mesmo modo que no aparelho desenvolvido por Crookes, o equipamento de Rutherford permitia observar as cintilações correspondentes ao impacto das partículas alfa na tela coberta de sulfeto de zinco ativado. A Marsden coube observar se alguma partícula sairia da folha de ouro com força suficiente para voltar para o mesmo lado onde estava o material radioativo.

Quando Geiger levou os resultados a Rutherford, mostrando que, embora muito raramente, algumas partículas realmente batiam na folha de ouro e voltavam, ele teria dito o seguinte: "Foi o evento mais incrível que jamais havia acontecido na minha vida. Foi tão incrível como se você disparasse uma bala de canhão em um pedaço de papel de seda e ela voltasse e atingisse você".

Rutherford levou mais de dois anos para propor um modelo que explicasse os resultados de tais experimentos. Percebeu que era muito pequena a probabilidade de um grande desvio da partícula alfa ter sido causado por muitos pequenos desvios à medida que ela atravessava os vários átomos de ouro. Ele imaginou como deveria ser o átomo de ouro para que, em um único encontro, a partícula alfa se desviasse mais de noventa graus. O modelo propunha que os átomos possuíam um núcleo no qual a massa e a carga positiva estavam concentradas.

O modelo de Rutherford não causou nenhum impacto ao ser publicado, considerado mais um de vários outros que estavam sendo propostos para o átomo. Apenas mais tarde ele foi resgatado e utilizado por Bohr como ponto de partida para o seu modelo atômico.

Uma das consequências do modelo de Rutherford para o átomo foi que, ao dizer que a massa dos átomos e suas cargas positivas se concentram no núcleo e os elétrons negativos estão dispostos ao seu redor, ele possibilitou que entendêssemos como poderiam existir átomos de um mesmo elemento com massas diferentes. Esses elementos são chamados de isótopos.

Tal conclusão foi proposta por Soddy em 1913 e J. J. Thomson obteve a primeira evidência experimental de que átomos de diferentes massas existiam ao observar em uma chapa fotográfica duas trajetórias próximas para átomos de neônio (que correspondiam aos isótopos de massa 20 e 22).

Porém, apenas com a descoberta dos nêutrons é que foi possível entender que os núcleos desses átomos possuíam, na verdade, o mesmo número de prótons, mas um número diferente de nêutrons. Assim, no caso do neônio, temos dez prótons nos dois isótopos. O neônio de massa 20 possui dez nêutrons, e o de massa 22 possui doze nêutrons. Isso pode ser representado assim:

$$^{20}Ne_{10} \qquad\qquad ^{22}Ne_{10}$$

Cada elemento é caracterizado pelo seu número de prótons. Se dois átomos têm o mesmo número de prótons, eles são do mesmo elemento.

Durante a Primeira Guerra Mundial (1914-8), tanto Rutherford quando Marie Curie tiveram de parar suas pesquisas para trabalhar em atividades ligadas ao conflito. Rutherford trabalhou ajudando na detecção de submarinos. Marie Curie montou estações de raios X móveis que podiam ser usadas no tratamento dos soldados.

Para resumir um pouco essa longa e interessantíssima história das descobertas da radioatividade, nos anos seguintes à guerra, Rutherford conseguiu realizar a primeira transformação nuclear artificial, bombardeando átomos de nitrogênio com partículas alfa. Isso ocorreu em 1917. No processo, o cientista observou e nomeou os prótons. A equação abaixo representa esse processo:

$$^{14}N_7 + {}^4He_2 \rightarrow {}^{17}O_8 + {}^1p_1$$

Nitrogênio + partícula alfa $\rightarrow$ oxigênio + 17 próton

Rutherford também previu a existência de nêutrons nos núcleos dos átomos, teoria que foi confirmada anos mais tarde por James Chadwick. Vários cientistas tentaram conseguir elementos mais pesados que o urânio, bombardeando-o com nêutrons. O que se descobriu, no entanto, pelo trabalho de Lise Meitner e Otto Hahn, foi o que chamamos de fissão nuclear, um processo no qual um núcleo pesado como o do urânio-235 dá origem a núcleos mais leves, em geral acompanhados da emissão de mais nêutrons. Meitner foi quem relacionou a enorme energia liberada no processo com a famosa equação de Einstein, $E = mc^2$. A energia (E) equivale a uma massa (m) multiplicada por uma constante, à velocidade da luz no vácuo (c) elevada ao quadrado. Quando um sistema libera energia, essa energia removida do sistema leva consigo uma quantidade de massa que pode ser calculada usando a fórmula de Einstein. No caso de um material radioativo cujos núcleos sofrem a fissão, a enorme quantidade de energia liberada equivale a uma perda de massa que pode ser medida. Essa massa não desapareceu. Como massa e energia são equivalentes, a energia liberada para a vizinhança contém essa diferença de massa.

Tal descoberta ocorreu em 1938. Meitner percebeu que havia o potencial para uma reação em cadeia, com resultados explosivos. Em uma reação em cadeia, nêutrons liberados na fissão de um átomo atingem outros átomos, causando também a sua fissão e liberando cada vez mais nêutrons. Daí para o desenvolvimento de uma bomba baseada na fissão nuclear bastaram sete anos.

O primeiro teste de uma bomba nuclear ocorreu em julho de 1945, e seu uso, durante a Segunda Guerra Mundial, em Hiroshima e Nagasaki, foi no mês seguinte a esse primeiro teste. Estima-se que 80 mil pessoas tenham morrido em Hiroshima logo após a explosão da bomba, e que entre 90 mil e 140 mil tenham falecido nos meses seguintes. Após a Segunda Guerra Mundial, os Estados Unidos continuaram o desenvolvimento de seu armamento nuclear. Em 1949, a antiga União Soviética realizou seu primeiro teste e, com o endurecimento da Guerra Fria, iniciou-se uma corrida armamentista, com milhares de ogivas nucleares sendo construídas. É difícil acreditar que, desde então, mais de 2 mil testes de armamento nuclear foram realizados por vários países. Os Estados Unidos realizaram mais de mil testes, a maioria no deserto de Nevada, muitos dos quais expuseram a população a doses elevadas de radiação e, no geral, contribuíram para elevar o nível de radiação de fundo em todo o planeta.

Ao mesmo tempo, o trabalho na fissão do urânio levou à sua utilização na geração de energia elétrica. A partir dos anos 1950, mais e mais reatores foram construídos e hoje existem mais de quatrocentas usinas ativas. Atualmente, com os problemas associados à queima de combustíveis fósseis e seu impacto no aquecimento global, o uso de usinas nucleares recebeu um novo impulso. Por um lado, a energia produzida por usinas nucleares não contribui para o aquecimento global como acontece nas usinas termoelétricas (que queimam combustíveis fósseis). Por outro, o risco associado ao trabalho com grandes quantidades de materiais radioativos e o gerenciamento dos resíduos do combustível nuclear são problemas que devem ser levados em consideração. Acidentes envolvendo usinas nucleares, como os que ocorreram em Chernobyl, na Rússia, em 1986, e em Fukushima, no Japão, em 2011, são extremamente sérios, levando à contaminação de grandes áreas com isótopos radioativos que permanecem no ambiente por muito tempo. Além desses dois, ocorreram mais de trinta outros incidentes considerados sérios em usinas nucleares. No caso de Chernobyl, uma nuvem de material radioativo se espalhou pela Europa, contaminando plantas e animais. Até hoje, existe uma zona de exclusão ao redor da usina de cerca de trinta quilômetros, e aqueles que pretendem visitar a área só podem ficar ali por um tempo limitado.

No decorrer deste capítulo pudemos observar como cientistas conseguiram desenvolver maneiras de "enxergar" ou de medir a radioatividade. Chapas fotográficas, eletroscópios e telas fosforescentes permitiram identificar materiais radioativos, ajudar na separação de novos elementos e criar um novo modelo para os átomos (principalmente através dos experimentos realizados por Ernest Rutherford com a ajuda dos seus colaboradores). Versões modernas desses métodos são usadas até hoje para determinar a dose de radiação a que uma pessoa está sendo exposta ou para avaliar se uma área foi contaminada.

Para continuar nossa conversa sobre a radioatividade, vamos agora refletir sobre alguns dos conceitos e preconceitos mais comuns acerca dos materiais radioativos.

O BRILHO DA MORTE E O CHAVEIRO RADIOATIVO

O que vem à sua cabeça quando você pensa em um material radioativo? Gosma verde que brilha no escuro? Pedaços de minério que emitem luz fosforescente? Será que existe algum motivo para essa associação imediata entre radiação e emissão de luz?

A maior parte das pessoas talvez esteja pensando em uma tinta luminosa usada nos marcadores de relógios de pulso, muito explorado em filmes, desenhos animados e quadrinhos. Feita a partir de uma mistura de sulfeto de zinco fosforescente e um composto do elemento rádio, emitia a característica luz verde. Esse tipo de relógio foi produzido pela primeira vez por volta de 1920, nos Estados Unidos. Os marcadores eram pintados manualmente, por mulheres que não sabiam que a tinta era perigosa. Elas afinavam a ponta do pincel na boca e até pintavam as unhas com a tinta luminosa. Posteriormente, elas tiveram muitos problemas de saúde: em vez de ser eliminado pelo corpo, o rádio, que é da mesma família do cálcio na tabela periódica e tem meia-vida de 1600 anos, se aloja nos ossos e continua causando danos pelo resto da vida.

Esses casos de contaminação com a tinta radioativa dos relógios não foram fatos isolados. No início do século XX as consequências para a saúde provocadas pela exposição prolongada a materiais radioativos não eram conhecidas. Na verdade, acreditava-se que os materiais radioativos seriam "energéticos" e, portanto, benéficos para o ser humano. Apareceram até diversos produtos que se aproveitavam dessa ideia, tais como chocolates, pastas de dente, cremes para a pele e água contendo rádio.

E, afinal, materiais radioativos emitem luz no escuro ou não? A resposta é... depende. A maior parte dos materiais radioativos não emite nenhuma luz visível. Olhe para um pedaço de urânio e você não verá nada de especial. No entanto, na presença de um material fosforescente ou fluorescente, que emite partículas, certos elementos podem ser induzidos a produzir luz. Tal fenômeno é chamado de radioluminescência e é justamente o princípio que guia os espintariscópios de Crookes e o experimento da folha de ouro dos alunos de Rutherford.

Outra possível fonte para a crença de que todo material radioativo emite luz é o acidente que ocorreu em Goiânia, em 1987. Foi exatamente o "brilho da morte" (como descreveram os jornais da época) do césio-137 que atraiu o dono do ferro-velho, que por sua vez mostrou a descoberta para os amigos e para a família, iniciando a cadeia de contaminação que causou mortes e muito estrago por onde passou.

O cloreto de césio é um material fluorescente. De maneira análoga ao caso dos relógios, são as partículas beta e os raios gama emitidos pelos núcleos do césio-137 que ativam sua fluorescência. Muitos sais de urânio também são fluorescentes, mas, como a atividade deles é muito menor, não percebemos a emissão de luz. E, no caso de Goiânia, devemos levar em conta a atividade da fonte: ela continha menos de 20 g de césio e mais de 50 terabecquerel de radioatividade quando foi aberta. Um becquerel (Bq) é a atividade de certa quantidade de material radioativo na qual um núcleo decai (emite partículas) por segundo. Um terabecquerel são 10^{12} Bq — ou seja, a fonte encontrada em Goiânia continha cinquenta vezes essa quantidade. Para efeito de comparação, um quilo de urânio tem uma atividade de cerca de 2×10^8 Bq, ou seja, as 20 g de césio-137 eram 250 mil vezes mais radioativas do que mil gramas de urânio.

Porém, por mais incrível que possa parecer, não é tão difícil ver a radioluminescência em ação de perto e de uma maneira segura. Se você visse o anúncio de um chaveiro que emite luz por um período de dez anos, sem parar e sem precisar de bateria ou qualquer fonte de eletricidade, você talvez achasse que isso era bom demais para ser verdade. Mas um chaveiro com essas características existe, e emite luz porque leva, no interior de um tubo de plástico, um gás que contém trítio, um isótopo radioativo do hidrogênio que é extremamente raro na natureza, mas pode ser produzido em reatores nucleares. Enquanto o isótopo mais comum do hidrogênio possui apenas um próton no núcleo, e constitui 99,985% de todo hidrogênio encontrado naturalmente, o trítio tem um próton e dois nêutrons.

Para que o chaveiro emita luz, a parede interna do tubo contendo trítio é coberta com um material fosforescente. Quando o núcleo instável de trítio emite uma partícula beta, ela passa sua energia para o material fosforescente, que, por sua vez, emite luz. As partículas beta não conseguem atravessar as paredes do tubo de plástico e o chaveiro é perfeitamente seguro. Enquanto houver trítio no tubo, ele vai emitir luz. A meia-vida do trítio é de cerca de doze anos, ou seja, nesse período metade dele vai sofrer decaimento. Hoje, esse sistema também é usado em relógios, substituindo aquela antiga e perigosa tinta de rádio e sulfeto de zinco.

Chaveiro de trítio no claro e no escuro.

O VENENO QUE CURA

Ao contar a história das mulheres que pintavam os relógios com a tinta de rádio, comentamos que a exposição excessiva à radioatividade pode ter efeitos negativos para a saúde. Por outro lado, ela possui muitas aplicações na medicina, como veremos a seguir.

RADIAÇÕES IONIZANTES

As partículas alfa e beta, além da radiação gama e dos raios X, que são tipos de radiação eletromagnética, são chamadas de radiações ionizantes. Ao atingirem moléculas, no nosso corpo, são capazes de arrancar elétrons e romper ligações químicas, quebrando tais moléculas. Nós somos constantemente bombardeados por essas radiações, provenientes dos materiais radioativos que existem no ambiente e também dos raios cósmicos. Então por que não sofremos as consequências dessas radiações?

Nosso corpo é formado por um número imenso de moléculas, e nem todas elas possuem a mesma importância. Para causar um dano sério, a radiação deve atingir e alterar moléculas vitais, e de uma maneira tal que o corpo não consiga consertar o estrago. Os seres vivos evoluíram expostos a essas radiações. A seleção natural favoreceu a sobrevivência de organismos que apresentam mecanismos moleculares (químicos) que, até certo ponto, consertam esses estragos.

O efeito da radiação é mais prejudicial quando atinge moléculas de DNA no núcleo das células. Como essas moléculas são responsáveis por todas as informações genéticas que controlam o funcionamento das células, pequenos erros introduzidos no DNA podem ter graves consequências, como transformar uma célula normal em uma célula cancerosa em alguns casos. Células que se dividem muito rapidamente têm mais probabilidade de desenvolver problemas relacionados à exposição excessiva à radioatividade, tais como as células da medula óssea e da parede do intestino. Além disso, se a radiação atingir células responsáveis pela reprodução (os gametas), os erros no DNA podem ser passados para os descendentes.

Mas a quanta radiação precisamos estar expostos para possivelmente sofrermos de danos permanentes? A tabela a seguir mostra diferentes doses de radiação e suas consequências. Nós recebemos, por ano, uma dose de radiação de 3,65 mSv (mili-Sievert) em média, proveniente de uma chamada "radiação de fundo": aquela que existe no ambiente, nos materiais radioativos presentes naturalmente em minerais e compostos à nossa volta, somada à radiação de causas artificiais a que normalmente nos expomos, principalmente aquela originada de procedimentos médicos como o de se submeter a um raio X. Estatisticamente, uma dose como essa não aumenta em nada a probabilidade de se contrair câncer, uma vez que a dose mínima em que uma correlação foi encontrada é muito maior, de cerca de 100 mSv. Porém, é importante salientar que existe uma diferença entre a exposição a uma dose alta por pouco tempo e a exposição constante a pequenas doses de radiação. No primeiro caso, a partir de uma dose de 200 a 400 mSv aparecem sintomas do envenenamento por radiação. Os sintomas vão da queda da contagem de células do sangue, náusea, diarreia e queda de cabelo até, em doses mais altas, à morte. Uma exposição constante a doses menores pode induzir o aparecimento de câncer.

Ação ou efeito	Dose (Sv = Sieverts)
Falar ao celular	0,0 Sv (celulares não emitem radiação ionizante)
Comer uma banana	0,1 micro Sv
Um raio X de braço	1 micro Sv
Radiação de fundo recebida por uma pessoa normal em um dia	10 micro Sv
Um raio X de pulmão	20 micro Sv
Uma mamografia	3 mil micro Sv = 3 mili Sv
Radiação de fundo durante um ano	3,65 mili Sv
Radiação máxima que um trabalhador de usina nuclear pode receber em um ano	50 mili Sv
Dose mínima que já foi ligada ao aumento de risco de câncer	100 mili Sv
Dose que causa sintomas de envenenamento por radiação	200 a 400 mili Sv
Envenenamento severo, fatal em alguns casos	2 Sv
Envenenamento extremo. Sobrevivência possível apenas com tratamento imediato	4 Sv
Dose fatal, mesmo com tratamento	8 Sv

O Sievert (Sv) é a unidade utilizada para sistemas biológicos expostos à radiação.

USO NA MEDICINA

Compostos radioativos são usados no diagnóstico e no tratamento de doenças. A medicina nuclear, por exemplo, se baseia na ingestão de elementos radioativos que possam se ligar de maneira específica em certos órgãos e assim possibilitar, com a ajuda de instrumentos que conseguem detectar a radioatividade, que se obtenha uma imagem do órgão. Além de ajudar no diagnóstico de doenças, compostos radioativos que emitem radiação ionizante de baixo poder penetrante são usados para destruir tecidos doentes ou cancerosos. Um exemplo é o uso de iodo-131 no tratamento do câncer na glândula tireoide. Como o iodo que circula pelo organismo se concentra nessa glândula, ele irá se ligar em seus tecidos, matando todas as células.

No próximo capítulo, veremos mais aprofundadamente a paticipação da química na criação de fármacos, como os usados na radioterapia; e tentar entender como se "cria" uma molécula para determinado fim, e como é possível saber que ela vai funcionar.

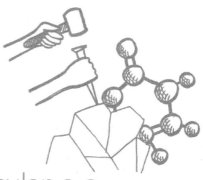

2. design molecular e a química medicinal

ARTESÃOS QUÍMICOS

Mesmo que nunca tenha tido a oportunidade de visitar uma oficina de madeira, onde são feitos bancos e mesas, ou de ir a um ateliê de cerâmica e fazer um vaso, você deve ter uma vaga ideia de como esses objetos são confeccionados. No caso da marcenaria, o procedimento certamente vai envolver madeira, martelos e serrotes; em se tratando de cerâmica, você terá que lidar com a modelagem da argila, e eventualmente mexer em um forno para que o vaso fique pronto. Mas e quando se trata de moléculas? Você sabe como é que criamos moléculas que vão servir, por exemplo, como ingredientes ativos nos medicamentos que usamos? Nesse caso, martelos, serrotes e instrumentos de modelagem não serão muito úteis...

Além de ferramentas diferentes, o artesão químico vai precisar, muito antes de começar o trabalho, de uma planta, de um projeto que lhe diga como construir a molécula. Nesse momento é que as coisas se complicam e ficam muito diferentes do trabalho daqueles que lidam com materiais como a madeira ou a argila, pois é impossível saber se a molécula vai funcionar como medicamento sem antes sintetizá-la e realizar inúmeros testes com ela, verificando se serve para o fim desejado e não causa outros problemas. Já o marceneiro ou o ceramista podem desenhar os seus produtos e, por mais inovadores que sejam, ter uma boa dose de certeza de que irão funcionar como havia sido planejado. Não é que a atividade manual não possa ser complexa ou dar errado — basta pensar em um relojoeiro colocando as peças em um pequeno relógio mecânico. O que acontece é que, quando trabalhamos com peças microscópicas e invisíveis, o trabalho muda completamente, ganhando outros níveis de interação.

APRENDENDO COM A SABEDORIA POPULAR

Não precisamos necessariamente criar moléculas para obter medicamentos. Os curandeiros e xamãs, por exemplo, usam extratos de plantas, muitas delas tóxicas, para curar doentes. Mas, sem um estudo prévio das moléculas e seus princípios ativos, eles descobrem que plantas usar e quais evitar seguindo a regra de tentativa e erro, o que acaba sendo uma espécie de roleta-russa. Um exemplo: se a poção preparada funcionar, nada garante que o doente tenha melhorado por alguma razão que nada tem a ver com o suposto remédio; ou, se piorar, que não tenha sido por conta do próprio ciclo da doença. Ou ainda: mesmo que a planta tenha um princípio ativo que possa ser benéfico, a dose ministrada pode ser fatal. Porém, ao longo do tempo, por meio de observações cuidadosas, os curandeiros foram acumulando vasto conhecimento e sabem que plantas são venenosas, quais os efeitos apresentados, que sintomas conseguem aliviar...

No entanto, quando o conhecimento químico chegou a certo nível, quando algumas das regras básicas do seu funcionamento foram entendidas, foi possível ter um controle bem maior desse processo criativo. O resultado foi explosivo. Atualmente podemos, por exemplo, determinar a estrutura de uma molécula presente em uma planta, sintetizá-la em laboratório e modificá-la para que ela atenda a novas finalidades, em forma de medicamentos, cosméticos ou corantes. O acaso e a intuição vinda da sabedoria popular ainda têm sua importância, porém hoje temos ferramentas para aproveitar as informações provenientes dessas fontes e levá-las adiante. Se ainda não temos um mapa completo de como produzir novos medicamentos, sabemos cada vez mais quais as etapas a cumprir nessa jornada.

SUBSTÂNCIAS EM EXCESSO

Antes de nosso artesão químico produzir sua molécula, ele precisa determinar qual a sua "cara". De que átomos ela será feita? Como estarão ligados? Essa molécula já é conhecida, já foi produzida por outro cientista? Hoje, existem milhões de compostos conhecidos e catalogados, com suas propriedades básicas determinadas. Em maio de 2011, foi catalogada a substância de número 60 milhões no banco de dados chamado *Chemical Abstracts*. Apenas doze anos antes, em setembro de 2009, a substância de número 50 milhões havia sido catalogada. O mais impressionante é que o composto de número 40 milhões havia sido registrado apenas nove meses antes, no final de 2008, e que, em contraste, tinham sido necessários 33 anos para se registrar o composto com número 10 milhões, em 1990. Isso quer dizer que, em 2009, uma nova substância foi identificada a cada 2,6 segundos em algum lugar do mundo! Caso tenha curiosidade em saber em que número estamos agora, basta acessar o site http://www.cas.org. É incrível perceber como o contador na página avança rapidamente, o tempo todo!

Mas como é possível existirem tantos compostos diferentes? Para responder a tal pergunta, vamos voltar ao ano 1984, quando foi criado o popularíssimo jogo de computador Tetris. Desenvolvido pelo programador russo Alexey Pajitnov, o jogo apresenta peças formadas pela combinação de quatro quadrados. Elas vão caindo e o jogador deve movê-las para que se encaixem e formem linhas. O interessante nesse jogo é a quantidade de peças que formamos com quatro quadrados.

Agora imagine que faremos um jogo com peças de cinco quadrados. Faça esse exercício e tente desenhar todas as possibilidades. Uma dica: são doze, no total. (A resposta está no final do capítulo.) Quando temos um ou dois quadrados, só existe uma possibilidade de arranjo. Com três quadrados, são possíveis dois arranjos. Com quatro, chegamos às cinco peças do Tetris. Se com cinco quadrados conseguimos doze arranjos, é possível perceber que, à medida que colocamos mais quadrados, o número de arranjos cresce muito. Para se ter uma ideia, se quiséssemos resolver esse exercício com nove quadrados conectados, teríamos que enumerar 1285 arranjos diferentes. Em matemática, esses quadrados agrupados são chamados de poliôminos. Dois quadrados juntos são os conhecidos dominós, mas temos triominós, tetrominós, pentominós etc.

Mas você deve estar se perguntando o que as combinações de quadrados têm a ver com os compostos químicos. Não muito, mas se com apenas um tipo de combinação de formas geométricas as possibilidades crescem tanto, fica mais fácil imaginar que, quando conectamos átomos — e temos muitos átomos diferentes para escolher! —, as possibilidades são, também, enormes.

Muitos dos compostos presentes nos seres vivos são baseados na química do carbono. Uma característica do carbono é que ele consegue formar ligações com outros carbonos, criando cadeias que podem ser bem longas. Podemos aplicar o exercício dos quadrados aos compostos de carbono e ver o que acontece. Para começar, um átomo de carbono forma quatro ligações. Vamos considerar apenas compostos com ligações simples, e com átomos de carbono e hidrogênio; esses compostos são chamados de hidrocarbonetos e recebem o nome genérico de alcanos. Veja algumas possibilidades:

CH_4	
C_2H_6	
C_3H_8	
C_4H_{10}	
C_5H_{12}	

49

Compostos que possuem a mesma fórmula molecular (com os mesmos átomos presentes na mesma quantidade), mas com arranjos diferentes entre seus átomos, são chamados de isômeros.

É claro que nem toda fórmula que desenhamos no papel, mesmo que esteja teoricamente correta (carbonos com quatro ligações, hidrogênios com uma, assim por diante), necessariamente conduz a uma molécula que exista na natureza ou que possa ser sintetizada no laboratório. Um estudo[*] baseado em programas de computador calculou quais eram os números de possibilidades para cada possível fórmula de moléculas contendo apenas carbono, hidrogênio, nitrogênio e oxigênio (C, H, N e O). A busca foi limitada a moléculas com massa molecular de até 150 unidades de massa atômica (u.m.a.). Usamos unidades de massa atômica, pois os valores de massa para átomos e moléculas em gramas são extremamente pequenos. Uma unidade de massa atômica é definida como $1/12$ da massa de um átomo de carbono e equivale a aproximadamente $1,66 \times 10^{-24}$g. Podemos perceber que é mais fácil falar que o átomo de hidrogênio tem massa de 1 u.m.a. do que usar o valor em gramas. Veja alguns dos resultados do estudo:

---

[*] KERBER, A.; LAUER, R.; MERINGER, M. e RUCKER, C. "Molecules in silico: potential versus known organic compounds", in *Communications in Mathematical and in Computer Chemistry*, v. 54, 2005, pp. 301-12.

Fórmulas	Massa	Número de possibilidades
1 (CH_4)	16	1
14 (C_2H_2, CHN, C_2H_4, CH_3N, CH_2O, C_2H_6, CH_5N, CH_4O, C_3, C_3H_2, C_2HN, CN_2, C_2O, C_3H_4)	26-40	18
19	41- 50	58
34	51-60	370
35	61-70	1585
63	71-80	6373
82	81-90	33977
98	91-100	225015
35	150	615977591

Como você viu, só existe uma possibilidade para a massa de 16 u.m.a.: o metano CH_4. Já com massas entre 26 e 40, existem catorze fórmulas moleculares que correspondem a dezoito possibilidades de arranjos estruturais. Note que essas possibilidades não necessariamente correspondem a um composto conhecido ou mesmo que seria estável. Os números apenas mostram os arranjos que obedecem às regras básicas das estruturas, ou seja, carbonos com quatro ligações, hidrogênios com uma ligação, oxigênio com duas e nitrogênio com três. Na outra ponta da tabela vemos que com a massa de 150 u.m.a. temos centenas de milhões de possibilidades de arranjos. De todas elas, com certeza apenas uma fração mínima corresponde a compostos conhecidos.

Agora que temos uma ideia do número de compostos conhecidos e das possibilidades de compostos ainda desconhecidos, fica mais claro que uma busca baseada em tentativa e erro é algo muito complicado. É claro que a ciência trabalha de maneira mais organizada, mas mesmo assim, com tantos compostos possíveis, descobrir um novo medicamento é um processo longo, caro e sem garantia de sucesso. Envolve equipes multidisciplinares trabalhando por mais de uma década, consumindo milhões de dólares.

DIRETAMENTE DA NATUREZA PARA UMA FARMÁCIA PERTO DE VOCÊ

Desde a Antiguidade se conheciam os efeitos contra dor, febre e inflamação de extratos preparados com plantas, como o da casca do salgueiro, que contém salicina ou moléculas similares. Ao se ingerir salicina, ocorre a formação do ácido salicílico, que é a parte da molécula que provoca seus efeitos medicinais. A Aspirina®, ácido acetilsalicílico, é um derivado do ácido salicílico, com os mesmos resultados e que causa menos irritação no estômago.

salicina   *ácido salicílico*   *ácido acetilsalicílico*

É interessante perceber que, apesar de ser usada tanto e por tanto tempo, o funcionamento da Aspirina® não foi compreendido até os anos 1970. A ideia, que não tinha sido testada até então, de que o medicamento agia no sistema nervoso central, juntamente com o fato de que ele realmente funcionava, era suficiente para que médicos o indicassem e doentes o consumissem às toneladas.

Outro exemplo de compostos naturais que se transformaram em medicamento é o do captopril, uma das primeiras drogas desenvolvidas para a hipertensão, que nasceu de uma investigação sobre os efeitos do veneno da jararaca na musculatura do intestino de cobaias. Esses estudos, realizados pelo grupo de pesquisa de Maurício Oscar da Rocha e Silva no Instituto Biológico em São Paulo, em 1948, levaram à descoberta da bradicinina, um peptídeo (pequena sequência de aminoácidos) presente naturalmente nos tecidos que possui forte efeito vasodilatador. O farmacologista brasileiro Sérgio Henrique Ferreira descobriu que no veneno da jararaca havia um fator que potencializava o efeito da bradicinina, inibindo a sua conversão e mantendo sua concentração alta. Essas pesquisas levaram ao desenvolvimento e à comercialização do captopril por um laboratório farmacêutico, em 1975.

captopril

RACIONALIZANDO O DESIGN

Outra estratégia para desenvolver novos remédios é utilizar-se do design racional de drogas. Embora possa parecer estranho usar a palavra design para moléculas, em vez de usá-la para referir-se a produtos, o processo de planejamento e testes dos dois tem etapas semelhantes. O design racional busca encontrar moléculas candidatas a ter um determinado efeito por meio de um estudo da estrutura do sítio ativo e do resultado que se quer causar. Em geral, uma droga ou ativa ou inibe o funcionamento de outra molécula com uma função biológica, como uma proteína. Em outras palavras: para ter efeito como medicamento, a droga terá de se ligar à molécula-alvo, mas apenas isso não é suficiente.

Vários fatores devem ser levados em conta ao selecionar um candidato a se tornar um medicamento. Por exemplo: para poder ser usada por via oral, uma droga deve ser estável o suficiente para chegar ao seu destino. Isso quer dizer que ela não pode ser destruída, por exemplo, ao cair no estômago, ou ser metabolizada antes de ter uma chance de agir como havia sido planejado. Além disso, a droga não pode ter efeitos tóxicos ou colaterais muito pronunciados, senão pode deixar o paciente pior do que estava antes.

A biodisponibilidade mede quanto da dose do remédio tomada é realmente capaz de exercer a sua função. Um exemplo para se explicar essa "variação de biodisponibilidade" é o ferro. Em nosso corpo, ele é necessário, entre outras funções, por fazer parte da hemoglobina, que é a proteína responsável pelo transporte de oxigênio dos pulmões aos tecidos e, em menor quantidade, de gás carbônico dos tecidos aos pulmões. Algumas pessoas precisam repor o ferro por alguma deficiência nutricional ou pela condição de seu organismo. Porém, nem todo ferro é igual. Íons de ferro podem ter a carga $2+$ ou $3+$, sendo que o $2+$ é mais bem absorvido. Além disso, se você comer carne, irá consumir ferro na forma de hemoglobina (do animal), diferente daquele que vem de frutas e hortaliças. Isso quer dizer que, dependendo de como está o ferro na nossa alimentação ou no suplemento que tomamos, ele pode ser expelido ou aproveitado. Há também alimentos que são reforçados com ferro, como os flocos de milho, normalmente usados como cereais matinais. Quer ver só? Então vamos fazer mais um experimento.

Experimento: Café da manhã magnético

MATERIAL

Algum tipo de cereal matinal enriquecido com ferro
Ímã bem forte (do tipo encontrado no interior de discos rígidos de computador)
Água
Pires

MÃOS À OBRA

Coloque um floco de cereal em um pires com água de modo que ele flutue. Aproxime o ímã dele e observe se consegue atraí-lo. Como alternativa, você pode quebrar vários pedaços de cereal, jogá-los em um copo d'água e deixá-los amolecer por alguns minutos. Encoste o ímã na parte inferior do copo e agite a mistura. Com cuidado, passe a mistura para outro copo sem mover o ímã. Verifique se algo ficou grudado no vidro do copo junto ao ímã.

O QUE ESTÁ ACONTECENDO?

O ferro presente no cereal é exatamente isso: ferro! Ferro metálico, o mesmo usado para fazer pregos, carros e geladeiras. Quando esse ferro chega ao seu estômago, reage com o ácido clorídrico que existe lá e se dissolve, formando um composto de ferro com carga 2+. Se compostos de ferro fossem diretamente usados no cereal, no lugar do ferro metálico, eles iriam interferir no sabor e poderiam fazer com que o cereal estragasse mais rapidamente.

DEFINIR A ESTRUTURA, CONSEGUIR A ATIVIDADE

Para estabelecer um método racional de procura por moléculas com potencial farmacológico precisamos partir do princípio de que a atividade de um medicamento é função da sua estrutura. Sendo assim, podemos partir de um esqueleto básico e ir adicionando grupos diferentes, em várias posições da molécula, e medir como isso afeta alguns parâmetros que já sabemos ser importantes para definir a maneira como uma molécula pode se ligar a outra. Mudanças na estrutura da molécula perturbam a intensidade das suas interações com outras moléculas. Outro efeito possível é a mudança na sua capacidade de se dissolver melhor em água ou em uma membrana orgânica.

Por fim, ao modificarmos a estrutura trocando uma coisa por outra, ao pendurar grupos substituintes, estamos mexendo no espaço que a molécula ocupa. É importante saber, entretanto, que muitas vezes é difícil prever o efeito que determinado grupo terá individualmente nas interações entre moléculas mais complexas, pois tais interações não são aditivas. Ou seja: duas interações do mesmo tipo em locais diferentes não querem dizer que cada uma contribuiu com a metade da intensidade. Vamos ver cada um desses possíveis efeitos com mais detalhes.

CONECTANDO MOLÉCULAS

Uma molécula pode se ligar a outras por meio de interações elétricas. Estamos acostumados a ver efeitos como esse, especialmente quando o ar está bem seco. Atrite os pés em um tapete e aproxime seu dedo de uma maçaneta de metal e você poderá ver uma pequena faísca (e ainda sentir um leve choque). Caso não goste de choques, esfregue um balão de borracha na sua roupa e aproxime-o do seu cabelo (ou do cabelo de um colega). O cabelo é atraído pelo balão, e vice-versa, devido ao excesso de cargas presentes no balão. Quando esfregamos o balão, cargas dele podem ser transferidas para a roupa. O contrário também pode acontecer. Se o balão ficar com um excesso de cargas negativas, por exemplo, ele irá atrair o cabelo, mesmo se o cabelo estiver sem cargas em excesso. Veremos como isso funciona mais adiante.

Com átomos e moléculas ocorre o mesmo. Quando um átomo ou molécula tem um excesso de cargas negativas (elétrons) ou positivas (prótons), ele é chamado de íon. Cátions (+) e ânions (−) se atraem, e a força dessa atração depende da carga dos íons e da sua distância. Moléculas que não possuem carga também podem interagir: muitas delas possuem átomos que atraem os elétrons na sua direção (são elementos mais eletronegativos). Nesse caso, dependendo da geometria da molécula, a parte que contém tais elementos ficará mais negativa, e a outra parte, de onde saíram os elétrons, mais positiva. O lado parcialmente positivo da molécula irá atrair o lado parcialmente negativo da outra.

A separação de cargas é chamada de dipolo e a interação entre moléculas que possuem dipolo é convenientemente chamada de dipolo-dipolo. Tal situação resumiria as possibilidades de interação entre moléculas, se as moléculas que não possuem elementos muito eletronegativos, ou cuja geometria torna a distribuição dos elétrons simétrica, não insistissem em continuar interagindo entre si.

Como isso é possível? Pois, que elas interagem, não há dúvida. Veja os exemplos abaixo:

$$I - I \qquad CCl_4 \qquad C_8H_{18}$$

No caso do iodo molecular, I_2, os dois átomos na molécula são iguais. Isso quer dizer que nenhum deles pode atrair mais elétrons que o outro, e o cabo de guerra fica empatado. No segundo exemplo, tetracloreto de carbono, os átomos de cloro são mais eletronegativos que o carbono e atraem os elétrons em sua direção. Mas, da mesma forma que no caso do iodo, esse cabo de guerra com quatro cordas ligadas pelo mesmo centro também acaba empatado. Como a molécula é simétrica, os puxões para um lado são anulados por puxões para o outro.

O último exemplo citado acima é o do octano, um dos componentes da gasolina. Nesse caso, apesar de o carbono e o hidrogênio serem elementos diferentes, sua eletronegatividade é muito próxima e a molécula não fica polarizada. Moléculas como essas são chamadas apolares. Entretanto, todas elas fazem interações. O iodo é sólido à temperatura ambiente, e o octano e o tetracloreto de carbono são líquidos. Mesmo moléculas apolares que são gases à temperatura ambiente se tornam líquidas ou sólidas caso a temperatura baixe o suficiente. Mas, para que uma substância fique líquida ou sólida, ela precisa formar interações com suas vizinhas.

As interações entre moléculas apolares ocorrem porque os elétrons não estão parados. Em uma molécula, eles ocupam o espaço ao redor dos núcleos, como uma nuvem. Essa nuvem pode se deslocar e se deformar, criando temporariamente áreas mais positivas ou negativas. Esse dipolo temporário pode se aproximar de outra molécula e induzir também nela um dipolo, de modo análogo ao que ocorreu com o cabelo quando aproximamos o balão carregado. Tais interações são chamadas de dipolo temporário — dipolo induzido.

É interessante comentar sobre outro tipo de interação molecular: as chamadas ligações de hidrogênio, que são um caso especial nas interações entre moléculas polares. Quando os elementos mais eletronegativos entram em cena, a interação entre eles e os átomos de hidrogênio se torna particularmente intensa. Os elementos que formam interações desse tipo com o hidrogênio são o oxigênio, o nitrogênio e o flúor.

Podemos pegar como exemplo a molécula de água, H_2O. O hidrogênio é um átomo muito pequeno. Quando ligado a um átomo muito eletronegativo como o oxigênio, seu único elétron é deslocado na direção dele, deixando o próton exposto. Essa ponta da molécula fica, então, muito positiva. Em compensação, o lado do oxigênio fica mais negativo.

Ligações de hidrogênio entre moléculas de água.

Uma molécula que está se ligando ao sítio ativo de uma enzima, por exemplo, faz isso por meio de interações moleculares tais quais as descritas acima. Se as interações forem suficientemente fortes, a molécula se liga e não sai facilmente. Tal processo pode fazer com que uma enzima deixe de funcionar. E para que se iria querer interromper uma enzima? A enzima pode fazer com que uma bactéria ou um vírus que esteja causando uma doença consiga se reproduzir — inibir tal enzima, portanto, parece uma ótima solução. Ou, ainda, se pode querer que a enzima pare de produzir certa substância que está causando um problema, ou que tem função de sinalizar que determinado processo deve começar ou terminar. As enzimas contêm um local na sua estrutura no qual as moléculas reagentes se ligam, fazendo com que ocorra a reação: esse é o sítio ativo da enzima. A molécula inibidora competirá com outras moléculas parecidas pelo sítio ativo, numa espécie de dança das cadeiras. Só que, ao pegar sua cadeira, a molécula que melhor se ligar não soltará mais e, ao menos por um tempo, a enzima ficará bloqueada. Veremos como funciona esse procedimento um pouco adiante, ao entender como uma enzima é bloqueada por um medicamento.

Um segundo parâmetro importante para determinar se uma molécula vai ou não se ligar ao sítio ativo de uma enzima ou proteína é a maneira como ela interage com o solvente. Ao entrar na corrente sanguínea, o fármaco é carregado em água. Ele pode ser retirado da solução aquosa por interações com uma membrana celular, uma proteína, um receptor celular ou uma enzima.

Algumas moléculas orgânicas são muito solúveis em água, como o álcool etílico, por exemplo. Da mesma forma, ele é usado como aditivo da gasolina, na qual também é solúvel. Para determinar experimentalmente o quanto uma molécula tende a ficar em solução aquosa ou em um solvente orgânico e, na verdade, tentar chegar a um parâmetro para o tipo de interações que a molécula pode fazer, cientistas medem o coeficiente de partição, chamado de P.

Antes de continuar, faremos mais um experimento.

Experimento: É só uma fase...

MATERIAL

Folhas de plantas
Filtro de café descartável
Água
Álcool
Aguarrás
Tubo de ensaio com rolha

MÃOS À OBRA

Prepare um extrato de uma folha verde. Para isso, pegue algumas folhas de plantas e amasse-as em um pilão juntamente com alguns mililitros de álcool etílico 92°. Passe a mistura por um filtro de café descartável. Reserve a solução. Em um tubo de ensaio, coloque alguns mililitros de aguarrás. Acrescente aproximadamente o mesmo volume do extrato de folhas verdes. Vede o tubo com a rolha e agite a mistura. Deixe o tubo em repouso até que as fases se separem. Observe a intensidade das cores em cada uma das fases.

Compare a coloração das duas fases.

O QUE ESTÁ ACONTECENDO?

Quando amassamos as folhas com um solvente como o álcool, conseguimos extrair e dissolver a clorofila, pigmento presente nas folhas que é responsável pela cor verde. A clorofila é pouco solúvel em água, mas se dissolve no álcool. Quando colocamos a mistura com a aguarrás, formamos duas fases, pois álcool e aguarrás não são miscíveis (um não se dissolve completamente no outro).

Quando agitamos o sistema, a clorofila tem a possibilidade de permanecer dissolvida no álcool ou se dissolver na aguarrás. A sua "preferência" depende das interações que consegue fazer com cada solvente. Como pudemos ver comparando o resultado final, a clorofila é transferida preferencialmente para a fase da aguarrás. Como ela é uma molécula pouco polar, podemos interpretar o resultado dizendo que as interações entre a clorofila e os hidrocarbonetos apolares da aguarrás são mais intensas do que as que ocorrem no caso do álcool etílico.

O coeficiente de partição é obtido dividindo a concentração de um composto em uma fase pela concentração na outra fase. Os cientistas medem o coeficiente de partição usando o sistema octanol-água. O octanol é uma molécula com oito átomos de carbono ligados em fila entre si. Em uma das pontas fica um grupo OH, do mesmo modo que no etanol. Uma mistura de água e octanol apresentará duas fases. O soluto cujo coeficiente de partição se quer medir é adicionado, e o frasco, sacudido por um determinado tempo. Depois, retiram-se amostras da fase aquosa e da fase de octanol e se determina quanto do soluto ficou em cada fase. Então, o coeficiente de partição P pode ser calculado como P = [concentração no octanol] / [concentração na água]. Um valor de P de 0,8, por exemplo, quer dizer que 80% do composto ficou dissolvido no octanol e 20% na fase aquosa. Resultados como esses são tabelados e colocados em bancos de dados juntamente com outras características da molécula. Graças a isso, já se conhecem mais de 40 mil coeficientes de partição de moléculas de interesse farmacológico.

Outro fator que influi na capacidade de uma molécula interagir com outra é o espaço que ela ocupa. Considerando-se uma estrutura básica, ela pode ser modificada se substituirmos, por exemplo, um átomo de hidrogênio (H—) por um grupo de átomos como CH_3-, C_2H_5- ou NH_2-. Cada um desses grupos (também chamados de substituintes) possui um volume diferente. É possível entender como o espaço ocupado por um grupo substituinte pode ser importante com um exemplo que mostra, também, como o design de uma molécula é capaz de levar a resultados inovadores.

Uma reação importante na síntese de compostos orgânicos é a chamada epoxidação. Nela, um composto que contém uma dupla ligação entre átomos de carbono reage com um oxidante, e um anel de três lados se forma com a inserção de um átomo de oxigênio na ligação dupla. Vários métodos já foram desenvolvidos para fazer essa reação, e vários deles usam catalisadores, substâncias que aceleram as reações químicas. Quando fazemos a epoxidação, o oxigênio pode entrar na reação de duas maneiras distintas, originando produtos que têm estruturas muito semelhantes — mas, mesmo assim, diferentes. Compostos que se comportam dessa maneira (com a mesma fórmula, porém com

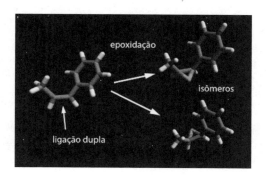

estruturas diversas) são chamados de isômeros. Produzir o isômero correto é muito importante na química medicinal: muitas vezes enquanto um isômero funciona como medicamento, o outro pode ser tóxico.

Como conseguir que a reação produza apenas um dos isômeros? Uma abordagem que costuma funcionar bem é impedir o acesso ao catalisador usando grupos que são muito volumosos.

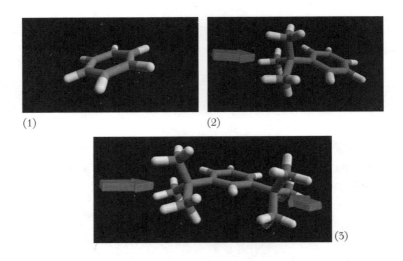

(1)   (2)   (3)

Observe a molécula do benzeno (1). Substituímos um átomo de hidrogênio (aquele de cor branca) por um grupo de quatro átomos de carbono e nove de hidrogênio (grupo terc-butila), como mostrado na ilustração 2. Esse grupo dificulta a aproximação de outras moléculas por um dos lados. Colocando dois desses grupos (como na figura 3), criamos uma barreira que dificulta a aproximação pelos dois lados. O catalisador utilizado contém quatro desses grupos. Eles ficam espalhados ao redor do átomo central, de manganês. Ligado ao manganês está o átomo de oxigênio, que será transferido à ligação dupla do reagente que queremos oxidar (como aparece na figura 4, a seguir).

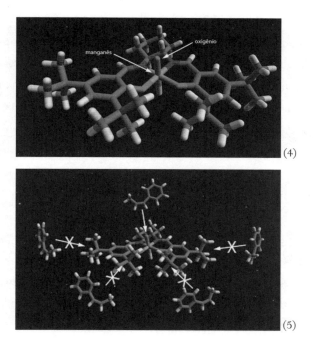

(4)

(5)

Os grupos utilizados servem como uma cerca ao redor do sítio ativo do catalisador, ou seja, o composto que vai receber o oxigênio não consegue chegar a ele pela frente, por trás ou pelos lados (como aparece na figura 5). A única maneira de o reagente chegar ao oxigênio é por cima, numa posição perpendicular ao catalisador. Utilizando esse procedimento, a orientação do produto fica garantida. É muito interessante notar como se constrói uma barreira atômica que isola o sítio ativo do catalisador: um verdadeiro trabalho de artesão. A molécula que vimos nas figuras acima é chamada de catalisador de Jacobsen e foi desenvolvida por Eric Jacobsen em 1991.

Em uma enzima, muitas vezes o sítio ativo também está isolado, de modo a aumentar a seletividade da reação. O sítio ativo de uma enzima pode estar próximo da superfície da proteína, ou mesmo escondido em uma cavidade ou dobra da molécula. Para que as interações ocorram, os grupos da molécula devem estar a uma distância mínima dos grupos da proteína. Mas como os pesquisadores sabem quais são as distâncias e as estruturas ideais?

Para isso é necessário obter um cristal do composto que seja o mais perfeito possível. Algumas técnicas especiais e muita paciência permitem que se obtenham cristais sem defeitos, nos quais as moléculas estejam empacotadas perfeitamente. Tais cristais são usados em uma técnica chamada difração de raios X, que, após uma análise dos dados, fornece um modelo da estrutura da molécula.

DESIGN MOLECULAR EM AÇÃO: O CASO DO VIAGRA®

Vamos mostrar como todas as etapas que vimos neste capítulo se juntaram, de maneira racional, na busca por um medicamento: o Viagra®. Sem sombra de dúvidas, atualmente o Viagra® é uma molécula mais do que famosa — nem que seja pelos odiosos e-mails de propaganda que foram enviados em profusão quando o medicamento foi lançado.

Viagra® é o nome comercial dado ao citrato de sildenafila, substância utilizada no tratamento da disfunção erétil. O objetivo dos pesquisadores era encontrar uma molécula que inibisse o funcionamento da enzima fosfodiesterase PDE5. No corpo, a situação é a seguinte: o sistema nervoso libera moléculas de óxido nítrico, NO, que faz com que aumente a concentração de uma molécula chamada guanosina monofosfato cíclica (cGMP), responsável por dar o o sinal para que as artérias se dilatem e mandem mais sangue para o pênis. O papel da enzima PDE5 é exatamente retirar de circulação a cGMP. Então, se essa enzima estiver bloqueada, a cGMP permanece ativa por mais tempo, as artérias continuam dilatadas e o sangue se mantém no local.

Como não poderia deixar de ser, conforme investigamos ao longo do capítulo, a busca pela molécula-chave começou pela estrutura da cGMP. Isso porque a molécula procurada teria de formar interações com a cGMP, ter o tamanho correto e possuir a solubilidade necessária para chegar a ela. Além disso, ela deveria se ligar à enzima correta de maneira específica, ou seja, sem se ligar a outras enzimas e causar efeitos indesejados.

cGMP — guanosina monofosfato cíclica

Zaprinast (1) (2)

O zaprinast (figura 1) era um antigo candidato a medicamento que nunca chegou ao mercado, mas que serviu de ponto de partida para a elaboração do Viagra®. Ele tinha uma estrutura parecida com a cGMP, o que já era um bom começo para poder interagir com ela, se ligando ao seu sítio ativo. Estudando como a enzima funciona (ou deixa de funcionar) na presença da substância, os cientistas mudaram a estrutura da molécula do zaprinast, introduzindo diferentes grupos nas posições mais importantes, e chegaram ao composto representado na figura 2, que tinha uma ligação muito forte com a cGMP.

Diversos outros estudos e várias outras mudanças na estrutura levaram ao resultado final, a sildenafila (representada pela figura 3), mais popularmente conhecida como Viagra®.

Sildenafila (Viagra®) (3)

A produção do Viagra, além de ser um exemplo de design racional de droga, é também um exemplo de um trabalho que foi realizado visando a um processo menos poluente. As etapas da produção foram desenvolvidas para se evitar que os produtos tivessem de ser extraídos das soluções e pensando em maneiras de recuperar e minimizar o uso de solventes. Mesmo assim, para cada quilo de citrato de sildenafila (Viagra®), são produzidos seis quilos de resíduos. (A média da indústria farmacêutica fica entre 25 e cem quilos para cada quilo de substância produzida.)

QUIMIOINFORMÁTICA

Para administrar os dados de tão grande número de compostos que podem funcionar como medicamentos, apareceu um novo ramo da ciência da informação: a quimioinformática. Nela, são desenvolvidas técnicas de mineração de dados para extrair a informação necessária de gigantescos bancos de dados de fórmulas e propriedades de compostos, como o *Chemical Abstracts*. Um banco de dados que não vai parar de crescer tão cedo: acredita-se que existam cerca de 10^{60} moléculas orgânicas de massa molecular abaixo de 500 u.m.a. que possam ter interesse farmacológico, sendo que, até hoje, como vimos anteriormente, são conhecidos "apenas" cerca de 60 milhões de compostos.

Sabemos que o número de substâncias químicas possíveis, o chamado espaço químico, é muito maior do que o de moléculas conhecidas. Navegar nesse espaço não é nada fácil, especialmente se você está procurando por candidatos a um medicamento que tem um efeito específico mas, à medida que conhecemos mais e mais as substâncias e seus efeitos no organismo, maior fica a chance de sucesso.

É importante perceber que as moléculas não são como os modelos e fórmulas que desenhamos: elas são estruturas dinâmicas que rodam, vibram e se deslocam quando estão em solução ou em estado gasoso, criando e quebrando interações com moléculas vizinhas o tempo todo.

Quando as estruturas mais promissoras são escolhidas, as moléculas devem ser sintetizadas. Aí é que os artesãos químicos precisam arregaçar as mangas e usar suas ferramentas. A síntese orgânica envolve conhecer muito intimamente as propriedades dos compostos com que se está trabalhando, para poder usar um arsenal de técnicas experimentais que controle as reações e obtenha a maior quantidade possível do produto. Depois disso, os compostos têm de passar por inúmeros testes até, finalmente, atingirem o estágio dos testes clínicos. Os testes em sistemas biológicos ainda são fator decisivo na seleção de futuros medicamentos, pois um modelo no computador não consegue simular algo tão complexo como as interações em seres vivos.

Fundamentalmente, a química medicinal é responsável por encontrar e sintetizar moléculas que possam curar ou aliviar os sintomas de uma doença — e, conforme percebemos ao longo deste capítulo, tal tarefa, além de conter em si uma enorme gama de possibilidades, carrega também muita responsabilidade.

RESPOSTA DAS POSSIBILIDADES DO JOGO COM OS ARRANJOS DE CINCO QUADRADOS

3. materiais, design e produtos

Um designer industrial é responsável por elaborar, juntamente com outros profissionais, o projeto de um produto. Imagine um produto qualquer, do mais simples ao mais sofisticado. Uma luminária, por exemplo. Ela tem um botão de liga-desliga? Onde fica esse botão, qual o seu tamanho, seu formato? Que lâmpada a luminária usa, quais são suas dimensões? O que será usado para cobrir a lâmpada e suavizar a luz? Que cores terá o produto? Todas essas e muitas outras decisões influem diretamente na experiência que o usuário do produto terá — e até mesmo em seu valor final.

Mas o que isso tem a ver com a química? Se o produto for apenas conceitual, uma ideia no papel, não muito. Mas, caso o produto seja realmente produzido, a química tem muito a dizer, sim. Para tirá-lo da fase de projeto e transformá-lo em realidade, o designer deve considerar quais materiais serão utilizados e quais são as propriedades desses materiais. No caso da nossa hipotética luminária, há inúmeras variáveis de materiais que poderiam compô-la: do fio de cobre encapado com plástico, passando pela estrutura da luminária, que pode ser papel, plástico, vidro ou metal, chegando, finalmente, até a própria lâmpada em si.

A ALIANÇA ENTRE A QUÍMICA E O DESIGN

Mas o que seria, de fato, o design de um produto? É comum associarmos o termo "design" a produtos mais sofisticados, que tenham alguma preocupação estética. É como se certos produtos tivessem um "design" associado a eles, enquanto outros não. Na verdade, se considerarmos o design como um processo criativo e técnico com o qual se elaboram projetos para a construção de um objeto, qualquer produto tem, associado a sua concepção, um design. Ao olhar para um objeto associamos a ele nossos desejos, opiniões, preferências — e, sem dúvida, esse tipo de relação com os objetos depende muito de questões pessoais e culturais.

Do mesmo modo que não existe um único método científico, também não existe uma receita para se produzir um bom design. Para obterem um resultado satisfatório, os profissionais dessa área precisam elaborar protótipos, testá-los, desenvolver e redesenhar o produto infinitas vezes. O design deve levar em conta tanto a função do objeto (para que servirá) como sua forma (aspectos estéticos).

O design está intimamente relacionado com seu tempo. Podemos identificar quando uma peça de mobília ou vestuário foi produzida olhando não só para os estilos característicos da época, mas também para os materiais e técnicas de fabricação empregados neles. Antes da Revolução Industrial, se você precisasse de um vaso, ele seria produzido manualmente, por um artesão. Poderia ser muito parecido com outros, mas a produção manual e o estilo do artesão o tornariam um produto diferenciado. Hoje em dia, o vaso seria feito por uma máquina, e seria idêntico a muitos outros, feitos a partir do mesmo modelo. Mas quem diz à máquina que tipo de vaso fazer? As decisões que eram tomadas pelo artesão agora são feitas pelo designer de produto, trabalhando em uma equipe que vai levar em conta questões de engenharia, marketing e economia e, sem dúvida, as propriedades dos materiais utilizados na confecção do produto. Após a Segunda Guerra Mundial, a introdução do plástico causaria uma enorme mudança na fabricação de objetos. Hoje em dia ele está por toda parte: é muito barato e muito prático para se utilizar na produção em grande escala. Porém, é importante lembrar que, tanto no feitio de um vaso em um pequeno ateliê de cerâmica como na produção de uma garrafa de PET, o design está presente. A diferença é que, no segundo caso, as decisões do designer vão se refletir em milhões de produtos reproduzidos pela máquina.

Se você vivesse algumas décadas atrás, digamos por volta de 1970, poderia ter tido uma ideia excelente: produzir um telefone portátil. Mas de nada adiantaria a sua invenção sem telas de cristal líquido, baterias recarregáveis e mais uma infinidade de tecnologias e materiais avançados usados, atualmente, em um moderno telefone celular. Tanto é assim que obras de ficção científica estão cheias de invenções sofisticadíssimas que só vieram a acontecer quando a tecnologia avançou o suficiente.

Um novo material necessita de boas ideias para ser utilizado e, ao mesmo tempo, um designer precisa de novos materiais para poder realizar seus conceitos. Neste capítulo vamos analisar um pouco da relação da química com os materiais usados na confecção de produtos, e como isso afeta o trabalho de um designer.

UM MATERIAL, MUITAS VARIANTES

Existe um universo enorme de materiais disponíveis para a produção de uma luminária. Mesmo que se escolha um deles, como o papel, por exemplo, você ainda não resolveu o problema: a palavra papel designa toda uma classe de materiais com um número enorme de integrantes, cada um com propriedades únicas e uma aparência diferente.

Nestes tempos de computadores, impressoras e copiadoras, quando pensamos em papel, logo imaginamos uma folha branca no formato A4. Mas, se pararmos um pouquinho para pensar, veremos que o número de variações de papel existentes é enorme. Mas como podemos obter tantas variantes se o papel é constituído basicamente da mesma substância, a celulose? Vamos ver mais de perto como funciona a produção do papel e como ele pode ser modificado.

A principal matéria-prima do papel, a celulose, é extraída da madeira de árvores, em geral de espécies de crescimento rápido plantadas pelas indústrias em áreas de reflorestamento. A madeira é composta principalmente de celulose — que ajuda na sustentação da planta e na condução de água — e de lignina. A celulose é um polímero de unidades de glicose, um tipo de açúcar. Já a lignina é uma macromolécula. A diferença entre uma macromolécula e um polímero é que no polímero existem unidades que se repetem. Já a estrutura da lignina possui muitas unidades diferentes, conectadas sem uma ordem bem definida.

Lignina

Celulose

Para fabricar um papel de melhor qualidade, é preciso remover a lignina, de modo a ficarmos apenas com a celulose. Para isso, é preciso cortar os troncos em pedaços e colocá-los em um reator, uma espécie de panela de pressão gigante, com diversos reagentes químicos. O resto dessa mistura, depois de retirada a celulose, é aproveitado como combustível, utilizado em forma de energia na própria indústria de papel. Dependendo da quantidade de lignina que sobrar na polpa de celulose, talvez seja necessária ainda uma etapa de branqueamento. Isso pode ser realizado com a adição de cloro ou de compostos contendo esse elemento. Métodos que se utilizam de água oxigenada ou derivados são muito mais interessantes do ponto de vista ambiental, pois, ao usarmos a água oxigenada, ela se transforma apenas em água. Já no caso do cloro, diversos produtos tóxicos são gerados.

As fibras de celulose são, então, dispersas em água e receberão alguns aditivos para depois seguirem para a máquina de papel. Ela nada mais é do que uma longa tela móvel na qual a mistura de celulose e água é colocada para, com um jato de spray, ficar uniformemente distribuída e secar. À medida que a água drena pela tela, a folha de papel vai se formando. Para ajudar nessa drenagem e na secagem da folha, vácuo e calor são aplicados em diferentes seções da máquina. A polpa começa com cerca de 99% de água e, ao final, na forma de folha, tem apenas 3% a 6%.

Experimento: Resistência molhada

Para percebermos como a retirada de água é importante na formação da folha de papel, vamos seguir o sentido inverso: molhar uma folha seca.

MATERIAL

Diversos tipos de papel
Conta-gotas
Água

MÃOS À OBRA

Pegue uma folha de papel comum e rasgue-a ao meio. Em um dos pedaços, molhe a parte central usando um conta-gotas. Tente rasgar a folha novamente. Percebeu a diferença?

Fibras de celulose

O QUE ESTÁ ACONTECENDO?

As fibras de celulose estão juntas devido às ligações de hidrogênio entre as moléculas. Quando a água entra no papel, ela interage com a celulose, enfraquecendo as interações entre as moléculas. As fibras que estavam interagindo umas com as outras agora estão ocupadas interagindo com a água. Assim fica mais fácil separar as moléculas da celulose. Se comparado com sua condição quando está seco, o papel pode ficar até dez vezes mais fraco quando molhado. A força necessária para rasgar o papel seco e quando ele está molhado é um parâmetro importante para determinar sua qualidade.

Imagine que você é um designer e decidiu fazer um produto com partes de papel. Certamente vai ser importante saber o que acontece se o material molhar, e escolher o tipo certo de papel para aplicações em que existe necessidade de proteger o produto do efeito da água. Há, por exemplo, papéis que recebem aditivos para reforçar as interações entre as fibras. É o caso dos sacos de supermercado, dos lenços e dos filtros de café.

Podemos ainda, com a ajuda de aditivos, modificar o papel sem mudar seu tipo de fibra. Nas próximas páginas, propomos uma série de experimentos para investigar a função dos aditivos nos vários tipos de papel.

Experimento: Molha ou não molha?

MATERIAL

Água com corante alimentício
Conta-gotas
Filtro de café
Papel branco A4

MÃOS À OBRA

Podemos ver como funciona outro tipo de aditivo fazendo um experimento bem simples. Vamos comparar um papel de filtro (como, por exemplo, um filtro de café) e um papel usado para impressão de arquivos de computador. Coloque uma gota de água com corante alimentício sobre cada um deles. Observe por um tempo o que acontece.

O QUE ESTÁ ACONTECENDO?

Alguns aditivos são adicionados à polpa de celulose para reduzir a absorção de água pelo papel — para evitar, por exemplo, que as tintas nele aplicadas se espalhem muito. Um aditivo que tem essa função é o breu. Extraído de árvores coníferas, como os pinheiros, essa resina é utilizada nos arcos de violinos e outros instrumentos de cordas. O breu torna o papel mais impermeável, pois não permite interações fortes com a água.

É fundamental ter o controle do arranjo das fibras de celulose no papel, e também saber como os aditivos interferem nele, pois se utilizarmos uma quantidade muito grande de aditivos prejudicamos a interação entre as moléculas de celulose, e a resistência do papel cai.

Você já deve ter ouvido falar no amido, um dos principais componentes dos alimentos na base da nossa pirâmide alimentar. Assim como a celulose, ele é um polímero da glicose, porém com uma estrutura um pouco diferente. Ele existe em duas formas nos alimentos: como amilose, que tem estrutura linear ou helicoidal, e como amilopectina, de estrutura ramificada. É interessante notar como uma pequena diferença na maneira como as moléculas de glicose se juntam faz com que elas sejam facilmente digeridas pelos humanos, no caso do amido, ou não digeridas de maneira nenhuma, no caso da celulose.

Amilose

Amilopectina

Agora, num próximo experimento, vamos ver que tipos de papel recebem amido como aditivo e tentar descobrir para que ele serve.

Experimento: Amido é para essas coisas

MATERIAL

Tintura de iodo
Conta-gotas
Diversos tipos de papel

MÃOS À OBRA

Pingue uma gota de tintura de iodo sobre diversos tipos de papel — filtro de café, papel para impressão, folhas de jornal ou de caderno, guardanapos, papel higiênico, lenços de papel — e observe.

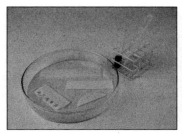

Materiais para o experimento.

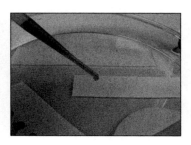

Pingue a tintura de iodo...

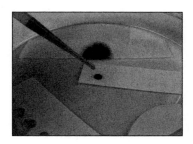

... e observe o que ocorre.

O QUE ESTÁ ACONTECENDO?

Assim como fizemos com o papel, você também pode usar o iodo para testar a presença de amido em comidas como arroz, batata, milho, trigo e seus derivados. O iodo indica a presença de amido na forma de amilose e forma um complexo dentro da hélice do amido que possui uma intensa coloração azul.

Mas, além de seu uso como alimento, o amido é muito utilizado na indústria de papel como aditivo. Ele entra em duas etapas do processo: primeiro, na formação da folha a partir da polpa de celulose, ele é adicionado para aumentar a resistência. Posteriormente, quando a folha já está formada, ele é aplicado em sua superfície como uma cobertura que melhora suas propriedades para a impressão.

Você pode fazer mais um teste para detectar outro tipo de aditivo em seu papel.

Experimento: O branco mais branco

MATERIAL

Lâmpada de luz negra (ultravioleta)
Diversos tipos de papel

MÃOS À OBRA

Observe os diversos tipos de papel através de uma luz branca (do sol ou artificial). Depois, em uma sala escura, ilumine as folhas de papel com a lâmpada de luz negra e observe o que acontece com os diversos tipos de papel.

O QUE ESTÁ ACONTECENDO?

Diversos tipos de papel emitem uma luz azulada ao ser iluminados com a lâmpada de luz negra. Por quê?

A lâmpada fluorescente comum tem, dentro dela, átomos de mercúrio. Quando há uma descarga elétrica, esses átomos recebem energia e, ao voltar para a situação de menor energia, emitem luz ultravioleta. A luz negra nada mais é do que uma lâmpada fluorescente que, em vez de receber pó branco sobre o vidro, é pintada com uma tinta de cor escura. O pó branco, ao interagir com o ultravioleta, fluoresce emitindo luz visível, e por isso a lâmpada é chamada de fluorescente. Tirando o pó branco, o ultravioleta consegue sair da lâmpada e temos a "luz negra".

Alguns tipos de papel recebem como aditivo um corante fluorescente capaz de emitir luz visível quando iluminado pela radiação ultravioleta, num processo chamado fluorescência (vimos a fluorescência em ação no capítulo sobre radioatividade). Mas por que se coloca isso no papel?

Porque, como vimos no capítulo 2, o corante fluorescente é utilizado como um branqueador ótico em diversos produtos — está presente, por exemplo, no sabão em pó, e por isso faz com que as roupas brilhem em festas com iluminação de luz negra. A luz azulada que ele emite dá a impressão de que o material, mesmo estando amarelado, é mais branco. Papéis que precisam ser bem brancos, como aqueles usados para impressão, ou os guardanapos, por exemplo, usam esse aditivo. Mas vamos para mais um experimento e logo você será um especialista em aditivos para papéis.

Experimento: Operação tapa-buraco

MATERIAL

Papéis de diversos tipos (entre eles, o papel laminado)
Pinça de metal
Isqueiro
Superfície ou recipiente não inflamável

MÃOS À OBRA

Corte pequenos pedaços de cada tipo de papel (de 5 cm × 2 cm mais ou menos), segure-os com uma pinça e coloque fogo na outra extremidade. Deixe o papel queimar completamente, sem movimentá-lo. Observe o que sobrou. Depois, faça o mesmo com um papel de acabamento brilhante, como um papel laminado. Note que, queimado o papel, as cinzas ficam praticamente no mesmo formato do retângulo de papel. Tomando cuidado para não quebrar as cinzas, aproxime a chama novamente. Observe que o material passa a emitir uma intensa luz branca. Coloque as cinzas em um tubo de ensaio e adicione algumas gotas de água. Depois adicione uma gota de fenoltaleína (ou outro indicador ácido-base) e observe.

Queime um papel de filtro ou papel toalha...

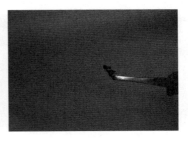

... e observe a quantidade de cinzas.

Queime um papel laminado...

... e observe o que ocorre ao se aquecer as cinzas com a chama.

O QUE ESTÁ ACONTECENDO?

Você já acompanhou alguma série na televisão e, lá pelo meio da temporada, notou vir um episódio que não acrescentava nada na trama, só enrolava e relembrava o que havia acontecido anteriormente? Em inglês, esse tipo de episódio é chamado de *filler*: algo que preenche a lacuna da programação e ganha tempo para quem está produzindo a série. Pois na produção do papel também há o *filler*, também chamado de carga — trata-se de materiais que preenchem os espaços entre as fibras, modificando as propriedades e a aparência do papel. Você deve ter reparado que os papéis mais encorpados, como os usados para impressão, e especialmente os de acabamento brilhante têm grande quantidade de material que não queima. Quando continuamos a aquecer o papel na chama, o carbono vai embora e ficamos com um pó branco: trata-se da carga. Às vezes a carga contém carbonato de cálcio, que, sob aquecimento, se transforma em óxido de cálcio e emite uma forte luz branca.

Papéis usados para impressão podem conter de 10% a 25% de carga.

Em geral as cinzas de papel (assim como as da madeira) têm caráter alcalino (básico), pois os sais minerais presentes na planta contêm sódio, potássio, magnésio e cálcio, íons que acabam como óxidos e carbonatos. Já as cargas são feitas de materiais inorgânicos, e por isso não queimam. Os mais usados são o carbonato de cálcio, o caulim, o dióxido de titânio, o talco e as argilas.

Com essas simples investigações sobre as propriedades do papel e dos seus aditivos, podemos ter uma pequena ideia de como ele pode ser modificado ao receber materiais os mais diversos. Embora sejamos cada vez mais dependentes do papel, consumindo-o em quantidades cada vez maiores, nem sempre o descartamos de maneira correta. Limpo, ele pode ser reciclado: vai ter a tinta e os aditivos retirados para que a sua celulose seja adicionada à polpa virgem. Podemos reciclar o papel mais de uma vez, mas a cada ciclo suas fibras têm o comprimento diminuído, o que faz com que sua qualidade fique mais baixa. Apesar de ser aparentemente fácil reciclar o papel, são os detalhes e o conhecimento da técnica (e da ciência por trás dela) que irão determinar a qualidade do produto final. Outra opção, além da reciclagem, é a reutilização do papel. Existem inúmeras aplicações para o papel e para o papelão: produção de peças de mobiliário, embalagens e até mesmo peças de roupa, como o fantástico terno feito com sacos de cimento criado por Águida Zanol, uma designer de Belo Horizonte, do Instituto Reciclar T3, que pesquisa tecnologias de reaproveitamento de materiais.

Terno de sacos de cimento.

Nas páginas anteriores, falamos sobre papel e sobre como a química pode modificar suas propriedades e adequar seu uso aos mais diversos produtos. Nas próximas seções, falaremos um pouco mais sobre materiais avançados e suas aplicações. Com um pouco de nanotecnologia, bioplásticos, compósitos e materiais inteligentes, vamos mostrar como a química contribui para a criação dos produtos de agora e daqueles que ainda estão por vir. Mas, antes, vamos pensar um pouco nas fórmulas químicas e no que elas nos contam — ou até no que elas não contam.

FORMA E FUNÇÃO

Uma fórmula química é algo que esconde uma quantidade enorme de informações. Somadas a nomes estranhos e muitas vezes enormes, essas fórmulas mais parecem javanês ou alguma outra língua exótica. Mas, como em toda língua, você logo perceberia que existem uma regularidade e uma lógica por trás do seu vocabulário e gramática.

Para entendê-las, é importante saber, em primeiro lugar, que elas aparecem em vários formatos. Temos as do tipo mais simples, como H_2O ou C_2H_6. Embora nos revelem que átomos estão presentes no composto e em que proporção, essas fórmulas mais simples em nada nos ajudam quando queremos saber que átomos estão ligados entre si. Para esse tipo informação existem as fórmulas estruturais. No caso das moléculas acima, suas fórmulas estruturais seriam:

$$HOH \qquad CH_3CH_3$$

Porém, mesmo sabendo a fórmula estrutural de um composto, ainda precisamos traduzir a informação em algo mais acessível. A chance de que você saiba que a fórmula H_2O representa a molécula de água é grande, mas, no caso de outros compostos, como o C_2H_6 (gás etano), a familiaridade logo desaparece. Para voltar a entender as mais diversas fórmulas, podemos, aos poucos, separar compostos similares em coleções. Assim, compostos com átomos de carbono e hidrogênio vão para uma coleção (a dos hidrocarbonetos), pois várias de suas propriedades são compartilhadas e obedecem às mesmas regras.

Mas as fórmulas têm outras limitações. Imagine a fórmula para um elemento como o carbono. Bem, se ela só tem carbono, é bem simples: basta colocar o símbolo C. Na verdade, mesmo nesse caso, as coisas não são tão simples, pois os átomos de carbono podem estar ligados de maneiras bem diferentes. Quando temos cada átomo de carbono se ligando a quatro outros em uma estrutura de tetraedros, trata-se de um diamante. Quando temos camadas de átomos de carbono sobrepostas, formando hexágonos com cada átomo ligado a três outros, temos o grafite. Essas são as formas clássicas do carbono, conhecidas há muito tempo. Mais recentemente, em 1985, foi descoberta uma nova maneira de os átomos de carbono se organizarem, formando esferas ocas. Os compostos receberam o nome de fulerenos em homenagem ao arquiteto norte-americano Richard Buckminster Fuller. Fuller desenvolveu o uso, na arquitetura, das cúpulas geodésicas, que são estruturas geométricas com as quais os fulerenos se relacionam. Porém, enquanto as estruturas de Fuller têm dimensões de grandes edifícios, os fulerenos estão no outro extremo da escala. O diâmetro de um fulereno contendo sessenta átomos de carbono (C_{60}) é de aproximadamente 1,1 nanômetro. Esse é um dos principais compostos estudados pela nanotecnologia atualmente.

Cúpula geodésica.

Em 1991, foi descoberto um tipo similar de estrutura oca, agora na forma de tubos, os nanotubos de carbono. Descobriu-se também que o potencial desses novos materiais é muito grande, devido às suas propriedades diferenciadas: eles são os materiais mais fortes — com maior resistência à tração — conhecidos. Podemos imaginar um nanotubo de carbono como um plano de grafite enrolado; assim como o grafite, ele conduz eletricidade ao longo do comprimento do tubo.

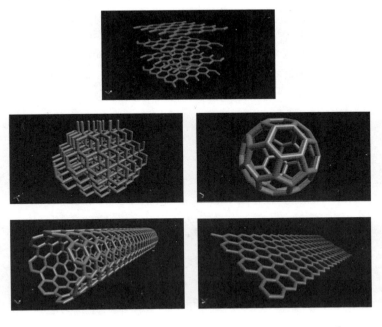

Estruturas do grafite, diamante, fulereno, nanotubo de carbono e grafeno.

Atualmente, vários pesquisadores brasileiros estão investigando as mais diversas aplicações dos nanotubos de carbono. Na Universidade Federal de Minas Gerais, o professor Rochel Monteiro Lago desenvolveu um método para fazer crescer nanotubos de carbono em partículas minerais. A partir de um processo que consiste, basicamente, em acrescentar um composto de ferro a partículas de dimensões nanométricas (um nanômetro corresponde a 10^{-9}m) de sílica, alumina e outros minerais, passando pelo forno, é possível obter partículas magnéticas que possuem, ao mesmo tempo, uma superfície que interage bem com a água (a partícula mineral), e tubos que interagem bem com solventes orgânicos ou com óleos.

A principal aplicação dessas partículas acontece na separação de emulsões de água e óleo: ao se aproximarem de um ímã, as partículas são atraídas, levando consigo as gotas de óleo dispersas. À medida que as partículas deixam a superfície das gotas, elas vão se juntando e separando as duas fases.

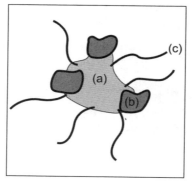

Partícula mineral magnética com nanotubos de carbono:
a) óxidos metálicos (superfície hidrofílica);
b) núcleo magnético;
c) nanotubos ou nanofibras de carbono (superfície hidrofóbica).

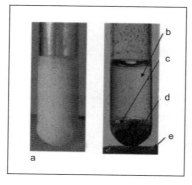

a) Emulsão água--biodiesel;
b) fase de óleo;
c) fase aquosa;
d) partículas magnéticas;
e) ímã.

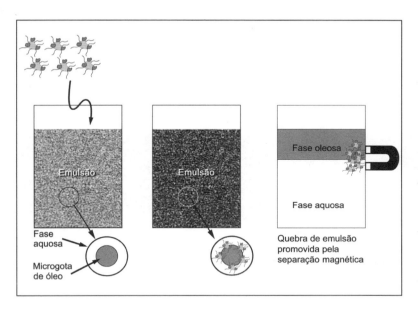

Esquema da separação magnética da emulsão de biodiesel.

O exemplo acima mostra que existem diversos níveis de estudo dos materiais. No nível mais básico, podemos saber quais elementos estão presentes no composto. Outro passo importante é saber como eles estão ligados entre si, qual é a sua estrutura de moléculas ou de redes cristalinas. Podemos dar um salto e perceber como o material está organizado como um todo, em uma escala ainda maior, em que outros fatores definem suas propriedades.

Para ilustrar essa afirmação, podemos investigar, em um experimento, o caso do isopor.

Experimento: É sempre bom lembrar...

MATERIAL

Pedaço de isopor
Removedor de esmalte à base de acetato de etila
Aguarrás
Conta-gotas
Copos de vidro

MÃOS À OBRA

Vamos investigar as propriedades do poliestireno expandido (isopor®) colocando-o em contato com um solvente. Um bom solvente para este experimento é o acetato de etila, facilmente encontrado na forma de removedor de esmalte. O único porém é que o removedor de esmalte não é acetato de etila puro: ele contém água e álcool também. Mas podemos dar um jeito nisso, misturando cerca de 20 ml do removedor de esmalte com cerca de 20 ml de aguarrás (uma instrução importante nesta etapa do experimento: evite respirar os vapores e trabalhe em local bem ventilado; também não faça o experimento próximo ao fogo, pois os materiais são inflamáveis). Depois de seguir todas as recomendações, agite a solução e espere até que se formem duas fases. Separe a fase superior da fase inferior, transferindo-a para um frasco de vidro com a ajuda de um conta-gotas. Coloque um pedaço de isopor dentro do frasco que contém o líquido que formava a fase superior da mistura e observe.

Materiais para o experimento.

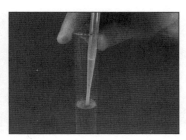

Retire a fase superior com um conta-gotas.

Coloque um pedaço de isopor no líquido...

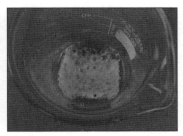

... e observe o que ocorre.

O QUE ESTÁ ACONTECENDO?

A aguarrás é um solvente formado por uma mistura de hidrocarbonetos e, como tal, não é solúvel em água. Já o removedor de esmalte, como vimos, contém água, álcool e acetato de etila. Ao misturarmos as duas substâncias, conseguimos que parte do acetato de etila se transfira para a fase do aguarrás, enquanto a água e o álcool permanecem na outra fase.

Agora, o poliestireno comum é aquele material usado em copos transparentes e embalagens, representado pelo símbolo de reciclagem de número 6 e pelas letras PS (do inglês, *Poly-Styrene*), e que vai dar origem ao isopor da seguinte maneira: pequenas bolinhas de poliestireno são aquecidas com um solvente volátil; quando o solvente evapora, faz com que as cadeias se afastem e o ar tome conta do espaço vago. O resultado é um material de baixa densidade, formado por 95% a 98% de ar. As bolinhas expandidas são colocadas em um molde e aquecidas novamente. Elas se fundem e formam o objeto desejado. No passado, os CFCs — clorofluorocarbonos — foram usados como agentes de expansão do poliestireno por serem solventes muito voláteis. Após a descoberta dos danos que esses compostos causavam à camada de ozônio, eles foram substituídos. Atualmente, o agente de expansão mais utilizado é o hidrocarboneto pentano.

Quando colocamos um pedaço de isopor dentro da aguarrás contendo acetato de etila, conseguimos enfraquecer as interações entre as cadeias poliméricas. Dessa forma, o ar que se encontrava preso nas células consegue escapar e o polímero se transforma numa massa pegajosa. Se você deixar esse material restante secar, vai obter o poliestireno não expandido. A diferença de volume entre o isopor e o polímero obtido, além de impressionante, explica a baixa densidade do material.

O isopor é muito usado como isolante térmico, pois o ar contido nas células não é um bom condutor de calor. Por isso, como diz o título do experimento — que, por sua vez, remete ao verso de uma canção de Gilberto Gil, "Copo vazio" —, é sempre bom lembrar: o isopor está cheio de ar.

* * *

Em um processo semelhante ao descrito no experimento que fizemos, cientistas do Departamento de Química da Universidade Federal de Minas Gerais desenvolveram uma maneira de dissolver completamente o isopor em uma mistura de solventes. O polímero dissolvido pode ser usado como impermeabilizante, "plastificando" madeira, tecidos, tijolos e telhados. Uma das características mais interessantes do trabalho é que ele é um método simples para reciclar o poliestireno, um resíduo que em muitos casos acaba não sendo reciclado, pois muitos locais não têm companhias que o aproveitam.

Como também pudemos perceber nesse experimento, um material como o poliestireno pode assumir formas muito diversas, mesmo possuindo a mesma composição molecular e a mesma fórmula.

Copos de poliestireno.

BIOPLÁSTICOS

Plásticos são feitos de petróleo, certo? Na verdade, a melhor resposta neste caso seria... depende. Nos últimos anos, mais e mais objetos de plásticos têm sido obtidos por meio de fontes renováveis. São os chamados bioplásticos. Na natureza, existem diversos polímeros que podem ser classificados como plásticos. Fomos, aos poucos, descobrindo maneiras de utilizar esses polímeros naturais e, depois, passamos a descobir maneiras de produzir polímeros artificiais.

Um dos primeiros materiais plásticos usados para moldar objetos foi o celuloide, que, como o nome indica, é feito de celulose, ou seja, tem origem vegetal. A celulose era nitrada, produzindo nitrocelulose e, para facilitar sua moldagem, usava-se cânfora como plastificante. Porém, um dos problemas associados ao uso da nitrocelulose é que ela é extremamente inflamável. Muitos filmes cinematográficos eram produzidos com celuloide como suporte, e era muito comum pegarem fogo e se perderem.

A celulose também pode ser usada para produzir fibras. O raiom é uma fibra feita a partir de celulose regenerada. Sendo assim, ele não é nem um polímero totalmente natural nem é um polímero feito a partir da reação de monômeros. Em um dos processos utilizados para produzi-lo, a celulose é dissolvida em uma solução muito alcalina. Após vários tratamentos, passa-se a solução através de furos bem finos e o jato é direcionado para uma solução ácida. Ao ser neutralizada, a celulose forma filamentos que são usados para fazer fios e tecidos.

* * *

No polímero da celulose, as unidades que se repetem são moléculas de glicose. Outro polímero com estrutura muito parecida é o amido, de cujas aplicações na produção de papel já falamos bastante. Se é possível aproveitar a celulose para fazer um polímero com aplicações industriais, será que podemos fazer o mesmo com o amido? Sem dúvida! O plástico feito a partir de matéria-prima vegetal mais utilizado é o amido termoplástico: um plástico feito a partir do processamento de amido (proveniente do milho, batata ou de outra fonte semelhante).

Nos vegetais, o amido é acumulado em grânulos e não é moldável. É preciso cozinhá-lo com os aditivos corretos, chamados de plastificantes, para que se torne plástico.

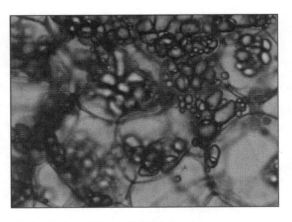

Grânulos de amido em células de batata vistos por um microscópio ótico.

O amido termoplástico é usado, por exemplo, para fabricar aquela espuma que absorve os impactos nas embalagens que envolvem materiais frágeis. Tradicionalmente, utiliza-se mais o isopor para esse fim.

Uma das grandes diferenças entre o amido e o isopor, no entanto, é o fato de a espuma rapidamente se desmanchar em água e ser totalmente biodegradável: o amido interage bem com a água, pois contém grupos polares em suas cadeias. Já o poliestireno do isopor possui cadeias apolares que não formam interações fortes com a água e, como vimos no experimento anterior, ele só interage com solventes apolares como a acetona e o acetato de etila.

Pedaços de espuma de amido e isopor usados em embalagens.

Coloque um pedaço de cada material na água...

... e observe o que ocorre.

Fórmula do poliestireno.

Fórmula da celulose.

Copos plásticos e garrafas de água feitos totalmente com matéria-prima renovável e que podem ser reciclados ou biodegradados. Parece uma utopia futurista? Nem tanto: muitos já estão no mercado , e são feitos com PLA — poli(ácido láctico), um material obtido a partir da fermentação de amido de batata ou da sacarose de cana-de-açúcar. Funciona da seguinte maneira: para começar, bactérias transformam a glicose em ácido láctico:

Glicose

Ácido láctico

Para se transformar em um polímero, o ácido láctico deve primeiro ser dimerizado, ou seja, duas moléculas de ácido láctico precisam se juntar:

Ácido láctico   *Poli (ácido láctico)*

Em seguida, o anel é aberto com a ajuda de um catalisador e as pontas se juntam, montando o polímero.

O PLA não é usado para recipientes que possam conter líquidos quentes, pois amolece a uma temperatura baixa em torno de 60°C. Além disso, não pode ser usado, também, em recipientes para bebidas gaseificadas. Mesmo assim, representa uma alternativa muito interessante aos plásticos oriundos do petróleo, especialmente para objetos descartáveis como copos, talheres e mesmo sacos usados para lixo orgânico, que podem ir diretamente para a compostagem.

Outra classe de plásticos biodegradáveis obtidos de matéria-prima vegetal são os polihidroxialcanoatos (PHAs). Dentre eles, o poli-hidroxibutirato (PHB) é um dos mais utilizados. Pesquisadores brasileiros vêm desenvolvendo pesquisas com esse material, que é produzido por bactérias especiais, por fermentação de uma solução de glicose contendo ácido propanoico. Nas condições usadas, com a ausência de alguns nutrientes, as bactérias mudam seu metabolismo e começam a armazenar o polímero no seu interior, como se ele fosse uma reserva. O PHB pode chegar a cerca de 80% da massa seca das bactérias e, após o rompimento das células, é separado delas por centrifugação. O PHB é utilizado das mais diferentes maneiras: em aplicações na área médica, por ser bem assimilado pelo organismo, em embalagens e vasos de mudas de planta.

Mas será possível produzir os mesmos plásticos que vêm sendo usados há muitos anos a partir de fontes renováveis? Uma empresa brasileira, a Braskem, por meio de parcerias com universidades e centros de pesquisa nacionais, tem apostado nisso: ela desenvolveu um processo para produzir etileno a partir do etanol, que, por sua vez, é produzido a partir da cana-de-açúcar. Dessa forma, é possível produzir polietileno vindo de fontes renováveis. Para cada tonelada de polietileno verde produzido são capturadas e fixadas até 2,5 toneladas de CO_2 da atmosfera. A empresa também já produziu polipropileno (o polímero obtido a partir do propeno) usando a cana, mas ainda em uma escala piloto.

Esse projeto está sendo desenvolvido em colaboração com cientistas da Universidade de Campinas e utiliza micro-organismos na produção do propeno. Além disso, um grupo de cientistas brasileiros do Instituto de Química da UFRJ já desenvolveu e patenteou tecnologia para produzir propeno a partir de glicerina, um subproduto da produção de biodiesel. Com o aumento do uso do biodiesel, irá sobrar cada vez mais glicerina, por isso é muito importante encontrar usos para a glicerina. Diagramando o que acabamos de conversar, ficaríamos com algo assim:

Óleo + álcool → biodiesel + glicerina

Glicerina → propeno + H_2O

Propeno → polipropileno

O polietileno e o polipropileno obtidos de monômeros de origem vegetal apresentam as mesmas propriedades dos polímeros similares de origem fóssil. Eles são recicláveis, mas não são biodegradáveis.

Polímeros produzidos a partir de biomassa, sejam eles biodegradáveis como o amido e o PLA, ou convencionais, como o polietileno "verde", trazem outras questões para discussão. Quando a fonte de materiais é um alimento, seu uso para a produção de plásticos ou para a produção de combustíveis pode competir com sua oferta para o consumo pela população. Além disso, outras questões ambientais relativas a essa fonte precisam ser consideradas na etapa da produção: a cana-de-açúcar, por exemplo, é uma monocultura que ocupa vastas áreas agrícolas. Há que se contar também o desmatamento, as queimadas, o uso excessivo de defensivos agrícolas e fertilizantes envolvidos no processo: tudo isso deve entrar na equação dos impactos do uso da biomassa. Do outro lado da balança está a diminuição do impacto no aquecimento global, dado que os biocombustíveis podem substituir o uso de combustíveis fósseis não renováveis e, no caso dos plásticos biodegradáveis, atingir um menor impacto no descarte desses materiais.

COMPÓSITOS

Em nosso dia a dia, estamos em contato com uma infinidade de materiais — como papéis, vidros, cerâmicas, metais e plásticos —, mas eles são apenas uma pequena parte de um universo enorme. Existem, por exemplo, materiais avançados, obtidos a partir da combinação de materiais diferentes, conhecidos como compósitos.

Nos compósitos temos pelo menos dois componentes: um material matriz e um material denominado carga. A combinação dos dois pode gerar propriedades superiores às dos dois materiais separados.

A ideia que permeia os compósitos é simples: basta pensar em tijolos. Eles geralmente são feitos de argila, que, após um tratamento térmico, perde água e se transforma em cerâmica. Imagine agora que, na massa usada para fazer os tijolos, seja misturada certa quantidade de palha. Pensando nos compósitos, a palha serviria de carga e a argila, como material matriz. A argila resiste bem à compressão mas, se for entortada, quebra com a tensão. Já a palha resiste bem à tensão mas, sozinha, não serve para construir uma parede que aguente peso. O resultado da mistura é um material que pode ser moldado, e que resiste tanto à compressão quanto à tensão.

Outro exemplo vindo da área de construção que serviria para ilustrar a estrutura dos compósitos é o do concreto armado. Nele, as barras de ferro reforçam a estrutura do cimento. O MDF, do inglês *medium density fiberboard* (placas de fibra de densidade média), é uma placa produzida com sobras de madeira e resinas plásticas prensadas a quente. Vários tipos de materiais obtidos a partir da madeira são compósitos, como os compensados e os laminados. "Fibra de vidro" é a expressão que se usa para o compósito da fibra de vidro com uma resina plástica. Ela é usada, entre outras aplicações, em pranchas de surfe e em carrocerias de carros. Os filamentos de vidro, muito finos, são flexíveis e dão ao material compósito uma grande resistência. Se usarmos fibras de carbono no lugar das fibras de vidro, temos um material ainda mais resistente e leve. Obtidas por um processo térmico chamado pirólise, as fibras de carbono têm de cinco a oito micrômetros e são usadas tanto em equipamentos esportivos de alto desempenho como na indústria aeroespacial.

Os exemplos anteriores descreviam materiais cuja carga, em forma de fibras ou partículas, possuía um tamanho relativamente grande se comparado ao dos nanocompósitos, materiais que utilizam a carga formada a partir de estruturas de dimensões nanométricas. O ganho com a diminuição do tamanho da carga vem de uma relação área superficial/volume muito alta. Dessa forma, uma parte maior da matriz está na vizinhança da carga (e é afetada por ela).

Atualmente, é possível utilizar materiais sofisticados como os nanotubos de carbono na produção de compósitos. Embora ainda seja complicado produzir materiais muito puros, e com apenas um tipo de nanotubo — características importantes para a pesquisa —, preparar tais materiais para servir de reforço aos polímeros é algo que já está sendo feito. Algumas empresas produzem toneladas de nanotubos para tal finalidade.

A professora Glaura Goulart Silva, do departamento de química da UFMG, realiza pesquisas com materiais avançados envolvendo polímeros tais como o poliuretano e os nanotubos de carbono, que aparecem nas imagens a seguir.

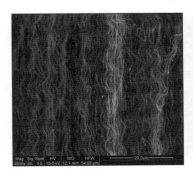 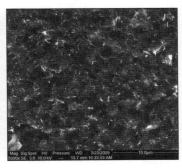

O que vemos na primeira imagem é uma "floresta" de nanotubos de carbono aumentada 2500 vezes em um microscópio eletrônico. A escala mostra que entre as pontas da seta temos vinte micrômetros de largura. Para termos ideia da espessura de um nanotubo de carbono, basta fazer uma simples comparação: um fio de cabelo humano tem, em média, oitenta micrômetros de largura. Observando a imagem é possível, ainda, ver que os nanotubos de carbono estão alinhados em uma mesma direção. A floresta de nanotubos de carbono dessa amostra tem cerca de 3,5 mm de comprimento e os nanotubos possuem de cinquenta a 110 nanômetros de espessura. Os pesquisadores queriam manter os nanotubos alinhados e assim incorporá-los a uma matriz polimérica.

Na segunda imagem vemos a superfície do compósito formado com os nanotubos alinhados. Para produzi-lo, os nanotubos de carbono foram impregnados com uma solução do polímero, deixando que o solvente evaporasse lentamente. Ao comparar tal experimento a outro compósito produzido de modo que os nanotubos não estejam alinhados, mas dispersos de maneira aleatória, nota-se que o material alinhado apresenta uma condutividade elétrica e uma resistência mecânica muito maiores. Um dos objetivos da pesquisa, inclusive, é melhorar o material utilizado nas conexões em tubulações para petróleo, fazendo com que elas fiquem mais resistentes e com isso previnam vazamentos.

MATERIAIS INTELIGENTES

Como um material pode ser "inteligente"? Nesse caso, a inteligência está relacionada com a capacidade do material de responder a estímulos externos e mudar suas propriedades. Os estímulos podem ser os mais variados possíveis: temperatura, luz, aplicação de pressão ou força, campo magnético, acidez do meio ou a passagem de corrente elétrica, por exemplo. As respostas a esses estímulos também são variadas. Alguns materiais mudam de cor; outros mudam de forma ou de tamanho. Cada mudança tem um nome.

Nome	Estímulo	Resposta
Termocromismo	temperatura	mudança de cor
Fotocromismo	luz	mudança de cor
Eletrocromismo	corrente elétrica	mudança de cor
Memória de forma	temperatura	mudança na forma
Fluido magnetorreológico	campo magnético	mudança na viscosidade
Fluido eletrorreológico	campo elétrico	mudança na viscosidade
Piezoelétrico	pressão	geração de voltagem
Autorreparadores	rachaduras, desgaste	reparo da estrutura

Muitos desses materiais inteligentes já são encontrados em diversos produtos comerciais. Plásticos contendo corantes fotocrômicos podem ser usados para mostrar quando uma pessoa está recebendo muita radiação ultravioleta do sol, indicando que ela deve procurar uma sombra ou passar protetor solar; alguns óculos possuem lentes que escurecem quando expostas aos mesmos raios ultravioleta; rótulos com corantes termocrômicos indicam se o produto está na temperatura adequada para o consumo. Mesmo brinquedos já usam esse efeito para mudar de cor quando em contato com água gelada ou morna.

No Brasil, vários grupos de pesquisadores trabalham na produção de sensores químicos. A divisão da Empresa Brasileira de Pesquisa Agropecuária (Embrapa) sediada em São Carlos, interior de São Paulo, está desenvolvendo pesquisas com sensores que avaliam a qualidade de bebidas como água, vinho e café. A "língua eletrônica", como é chamada, utiliza um conjunto de polímeros condutores de eletricidade que conseguem diferenciar as substâncias da bebida que causam alterações no paladar. De maneira similar ao que acontece na nossa língua, em que receptores identificam moléculas e enviam impulsos elétricos ao cérebro, cada tipo de polímero é modificado para "sentir" a presença de um grupo de moléculas. Muitas empresas de bebidas valem-se dos degustadores, pessoas especializadas em identificar variações no gosto da bebida. O sensor químico faz o mesmo trabalho, e mais: detecta variações que seriam imperceptíveis ao paladar humano. Além dessas variações no gosto, tais sensores podem detectar a presença de poluentes ou toxinas em tempo real. Na Universidade de São Paulo, no campus de Ribeirão Preto, foi desenvolvido um "nariz" eletrônico capaz de identificar, no ar, moléculas de algumas drogas: um eletrodo é recoberto com substâncias que interagem com a cocaína e a maconha, por exemplo, sem ter a necessidade de coletar uma amostra e fazer testes em laboratório. Sensores químicos como esses são extremamente úteis quando se precisa de uma resposta rápida e exata da presença e da quantidade de substâncias tóxicas, mesmo que elas estejam misturadas com muitas outras.

Há ainda os materiais autorreparadores, que têm como inspiração os sistemas biológicos, capazes de reparar danos e curar feridas. Como funciona? Com o desgaste natural do material, sujeito a tensões e a mudanças de temperatura, algumas ligações entre os átomos são quebradas nas cadeias. Tal defeito se propaga, criando pequenas rachaduras. Uma das maneiras de abordar o problema é colocar a "cura" em microcápsulas durante a produção do plástico. Quando a rachadura as atinge, libera o monômero e um catalisador, que preenchem a rachadura e se ligam às cadeias existentes. Esses sistemas funcionam sem nenhuma intervenção humana e podem resolver problemas dentro da peça de plástico que não poderiam ser consertados de outra forma.

Miçangas de plástico contendo materiais fotocrômicos ao serem expostas à luz ultravioleta.

O design de produtos é algo extremamente importante, pois é na fase de projeto que é possível introduzir as modificações mais profundas. Pudemos ver uma pequena amostra disso ao discutir o campo da química de materiais e a maneira como ele possibilita ao designer um grande número de opções. Mas decidir a escolha do material que será usado não pode ser algo que se baseie apenas nas suas propriedades ou no seu custo. Vamos analisar no próximo capítulo como as questões ambientais representam o grande desafio para criarmos produtos que sejam ao mesmo tempo inovadores e sustentáveis.

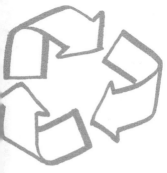

4. nós não queremos mais produtos!

SEM RESPOSTAS FÁCEIS

Nós queremos produtos melhores! E com "melhores" queremos dizer "sustentáveis". Isso significa que não basta ter um desempenho excelente ou ser esteticamente agradável: um produto precisa ser bom também quando contabilizamos as questões ambientais relacionadas à sua produção, manuseio e descarte.

E, já que vamos falar de questões ambientais, é importante começar com uma advertência: elas são complexas e polêmicas. Porque, em primeiro lugar, é muito difícil haver um consenso quando diversos interesses estão em jogo. Discutir questões ambientais requer uma análise que leve em conta aspectos sociais, políticos, econômicos, científicos e culturais. E é importante lembrar: mesmo que uma solução seja viável do ponto de vista científico, ela pode não funcionar por motivos econômicos ou sociais. Quando se trata de questões ambientais, há somente uma única certeza: desconfie de respostas rápidas.

RECLAMANDO DA TABELA

Um exemplo de um tipo de abordagem simplista é a famosa lista que mostra a durabilidade de diversos materiais na natureza. (Eu ficaria muito surpreso se você me dissesse que nunca a viu, pois ela está por toda parte, em páginas da internet e livros, passando, até, por cartazes na entrada de algumas praias.) Segue abaixo uma compilação feita a partir de algumas páginas na internet.

TEMPO DE DECOMPOSIÇÃO DE ALGUNS MATERIAIS

Material	Tempo
Jornais	2 a 6 semanas
Pontas de cigarro	2 anos
Embalagens de papel	1 a 4 meses
Casca de frutas	3 meses
Guardanapos de papel	3 meses
Fósforo	2 anos
Chicletes	5 anos
Náilon	30 a 40 anos
Sacos e copos plásticos	200 a 450 anos
Latas de alumínio	100 a 500 anos

Tampas de garrafas	100 a 500 anos
Pilhas	100 a 500 anos
Garrafas e frascos de vidro ou plástico	indeterminado

Talvez você se pergunte de onde veio essa lista. Quem fez as medidas? Quem reuniu os resultados? Não vai ser fácil encontrar as respostas. Mesmo porque existem diversas listas semelhantes mas com dados diferentes, nenhuma das quais traz referências às fontes utilizadas.

A lista determina o tempo de decomposição dos materiais na natureza. Mas exatamente a que "natureza" ela se refere? Terrestre ou marítima? À decomposição de um material na rua ou, por exemplo, no aterro sanitário? Se o pressuposto é de que o material dura muito, e por isso polui a natureza, na verdade a questão fundamental é que não devemos jogar produtos nas matas ou rios. Bem, jogar na lata do lixo resolve o problema? E se um material leva 1 milhão de anos para se decompor (ou seja, não se decompõe), isso é necessariamente ruim? Uma pedra de granito e uma garrafa de vidro, por exemplo, não se decompõem igualmente — mas será que elas estão contaminando a natureza?

Outra pergunta que devemos fazer é: "Como esses dados são obtidos?". No caso dos plásticos, por exemplo, como podemos saber o tempo máximo que eles irão durar, uma vez que muitos deles foram inventados a partir da década de 1950, há menos de sessenta anos?

Ao analisar dados como esses precisamos, antes de qualquer coisa, pensar se tais valores são razoáveis. Dados assim, que não citam fontes confiáveis, devem ser vistos com reserva. De qualquer maneira, vamos imaginar como eles podem ser obtidos. O pesquisador deve simular as condições naturais, como água, luz, temperatura, micro-organismos e outros fatores para acelerar a decomposição do material. Se a simulação foi acelerada dez vezes, o material que levar um ano para se decompor na verdade levaria dez anos para se degradar completamente. Se, nesse ano, apenas 10% da massa do material foi degradada, é possível estipular, usando um modelo matemático, em quanto tempo seriam consumidos os outros 90%. Além disso, durante o experimento podemos observar quais as transformações ocorridas nas moléculas. No caso dos plásticos, por exemplo, as cadeias poliméricas podem se quebrar propiciando o aparecimento de novos grupos a partir de reações com a água ou com o oxigênio presente no ar.

Assim, seria possível chegar às centenas de anos de decomposição do plástico previstas na tabela fazendo o experimento em tempo reduzido. É preciso notar, porém, que as condições escolhidas para o experimento modificam enormemente o resultado. A presença de água e a temperatura usada, por exemplo, afetam diretamente os ataques químico e biológico ao material analisado. Isso quer dizer que em um ambiente muito seco ou muito frio a decomposição pode ficar muito mais lenta. Isso é especialmente notado nos aterros sanitários, onde o lixo se encontra protegido da luz, com pouco oxigênio, e quando embalado em um saco plástico, protegido também da água — três itens fundamentais para decompor os materiais que são biodegradáveis.

Se o tempo que um material demora para se decompor (considerando que ele de fato se decompõe) depende de tantas variáveis, não seria melhor, por exemplo, dizer que não se pode ter certeza de quanto tempo um material biodegradável leva para se decompor; explicar as variáveis que afetam essa decomposição; e, ainda, mostrar que existem materiais que não são biodegradáveis e que portanto não irão se degradar significativamente com o tempo? Afinal, como foi dito no início deste capítulo, não existem respostas rápidas.

Pensando em uma conversa que leve em conta os pontos acima, poderíamos desenvolver uma tabela alternativa à que circula por aí e que é bem mais interessante:

MATERIAIS E SEU DESTINO APÓS O USO

Material	É biodegradável? Pode ir para a compostagem?	É reciclável?	Requer cuidados especiais?
Papel	✓	✓	
Pontas de cigarro	✗	✗	
Casca de frutas	✓	✗	
Chicletes	✗	✗	
Plástico	✗	✓	
Latas de alumínio	✗	✓	
Tampas de garrafas	✗	✓	
Pilhas	✗	✗	✓
Vidro	✗	✓	

Uma tabela como essa é muito mais informativa e útil, além de ser um convite à ação, pois a partir dela podem ser pensadas ações mais efetivas para o descarte consciente de materiais. Acontece que, para muitas pessoas, talvez o problema não seja a durabilidade do material — afinal, essa é uma das suas maiores vantagens durante seu uso. É muito fácil reclamar da sobrevida de um pneu descartado em um terreno baldio; no entanto, quando estamos a bordo de um veículo a mais de 120 km/h, só se espera que ele aguente qualquer tranco ou buraco e se mantenha firme até chegarmos ao nosso destino, não é mesmo?

Agora, para que um pneu tenha a resistência necessária para suportar o peso de um veículo e as forças que aparecem durante manobras e freadas em altas velocidades, ele possui uma cinta de aço em seu interior. A borracha é vulcanizada ao redor dessa cinta em um molde, de modo que todo o processo de fabricação seja completado em uma única operação. O resultado é uma peça muito difícil de se desfazer, e que vai se gastando lentamente com o atrito contra o asfalto. Quando, por fim, os pneus estão gastos, levamos o carro à concessionária, pedimos novos e descartamos os velhos. Caso nos interessemos em saber seu fim, basta procurar em algumas encostas de estradas, onde eles formam paredes que protegem as pistas de possíveis desmoronamentos.

Assim, vale refletir: será que estamos querendo demais quando imaginamos que um material pode ser resistente e, ao mesmo tempo, fácil de degradar na natureza?

Na verdade, o que é preciso pensar é se nós queremos realmente que nossos produtos se degradem rapidamente na natureza, e se isso é viável em todos os casos. Explicando: em alguns momentos é realmente interessante que o produto se degrade, desde que o que for produzido nessa transformação não seja, também, prejudicial ao ambiente. Já em outros, a degradação significa perda de matéria-prima preciosa. Um exemplo do primeiro caso é o que acontece com as embalagens descartáveis de alimentos, como bandejas de isopor: o custo para limpar e reaproveitar o material pode tornar seu reaproveitamento economicamente inviável. Mas, se pensarmos em uma latinha de alumínio ou em uma garrafa de PET, acelerar a degradação do material e não pensar em seu reaproveitamento significa perder materiais em que já se investiu muito em termos de energia, água e trabalho.

Assim, uma opção interessante, e na qual geralmente não pensamos muito, é simplesmente não descartar o material. Se você guardar uma caneca de cerâmica ou de alumínio em sua bolsa e a usar para tomar água em vez de usar um copo descartável, já eliminou uma necessidade de gerar resíduos.

É aí que entra a questão do design do produto, sobre o qual falamos no capítulo anterior. Quando um produto é criado com a preocupação de minimizar seus impactos ambientais, ele obviamente levará em conta o que vai acontecer quando for descartado. Usar um material biodegradável na embalagem de alimentos e criar uma caneca leve, resistente e com um design interessante, que nos faça querer carregá-la por aí e guardá-la por muito tempo, são escolhas fundamentais.

Um dos problemas com os produtos que normalmente consumimos é que muitos deles não levaram questões ambientais em consideração em nenhuma etapa de sua elaboração ou produção. Segundo Datschefski,* apenas um em cada 10 mil produtos tem tal preocupação (muito embora isso esteja mudando rapidamente nos últimos anos). Adiante, vamos falar sobre algumas estratégias usadas por designers para criar produtos melhores — incluindo na definição de "melhor" a preocupação com o ambiente.

VOLTANDO AO BERÇO

Quando pensamos em um produto como algo que tem nascimento, vida e morte, que tem uso e descarte, percebemos que, mesmo os que têm um design muito sofisticado em termos estético e funcional, seguem o mesmo princípio: ir do "berço" para a "tumba" (modelo *cradle to grave*). Ou seja, os recursos utilizados na produção são descartados após o uso, com pouca ou nenhuma possibilidade de recuperação. Fica claro que um modelo como esse, do qual sempre retiramos recursos não renováveis, os utilizamos por um curto espaço de tempo e depois os descartamos misturados com outros mate-

---

* DATSCHEFSKI, E. *The total beauty of sustainable products*. Rotovision, 2001.

riais, em aterros, não se sustenta indefinidamente. Esse é o caso também dos produtos que ficam obsoletos em pouco tempo (uma obsolescência muitas vezes programada pelo próprio fabricante) ou são tão caros e difíceis de consertar que optamos por comprar novos e descartar os usados.

Hoje em dia, muitos autores propõem que se adote um novo modelo, aquele do "berço" para o "berço" (*"cradle to cradle"*), ou seja, seguindo o que ocorre na natureza, resíduos são vistos como nutrientes e produtos são projetados para entrar em ciclos — o orgânico ou o técnico —, de modo que os recursos não se percam. Depois de comprar um sapato, por exemplo, quando o consumidor estiver cansado dele, ou o sapato estiver gasto, ele pode ser levado para um local que o encaminha novamente para a indústria. Se o sapato foi planejado para ser reciclado, suas partes podem ser reaproveitadas e transformadas em novos sapatos (ciclo técnico). Do mesmo modo, sua sola deve ser feita de materiais que sejam absorvidos pela natureza (ciclo orgânico), de forma que, ao andar, os pedaços de sola gastos pelo atrito não contaminem o ambiente. O consumidor irá pagar menos pelo sapato (já que ele não precisa mais ser feito de materiais totalmente novos) e a indústria terá sempre "nutrientes" para o seu "metabolismo". Assim, sapatos viram sapatos, garrafas viram garrafas, em ciclos que evitam o desperdício de novos materiais e de energia na sua preparação.

CICLO DE VIDA DE UM PRODUTO

Mas decidir qual é a melhor opção, qual o destino mais apropriado para determinado resíduo, assim como comparar qual o melhor entre dois produtos que têm a mesma função, não é tarefa fácil: é algo que, sem dúvida, irá necessitar dos seus conhecimentos de química.

Imagine, por exemplo, que você vai a um supermercado. Após fazer suas compras, o caixa lhe pergunta se você quer sacolas de papel ou de plástico. Sendo uma pessoa preocupada com questões ambientais, você pode começar a enumerar mentalmente os impactos causados pela produção do papel, o consumo de recursos não renováveis para se obter o plástico, gastos de água, de energia... O caixa vai esperar por um bom tempo antes que você consiga chegar a uma resposta bem argumentada — uma resposta que leve em conta dados reais, de uma situação local, e permita responder não só à pergunta do caixa de supermercado mas também a muitas outras, sem se ater a preconceitos ou à necessidade de seguir cegamente a conduta ecológica politicamente correta que departamentos de marketing das empresas muitas vezes querem impor. Tal tipo de análise — uma análise qualitativa e real do ciclo de vida de um produto — exige um levantamento que leva em conta:

a) uma lista de todas as entradas e saídas de um sistema, ou seja, o que foi gasto e o que foi emitido para o ambiente;

b) uma avaliação dos potenciais impactos ambientais dos processos associados com as entradas e saídas;

c) qual é o objetivo da análise, pensando nas características locais e no uso efetivo do produto.

BOM DE COPO

Neste exercício, vamos usar a imaginação e analisar qual o melhor tipo de copo descartável para ser usado em um grande evento. Primeiro temos de definir quais os possíveis produtos a serem comparados. Vamos pensar em quatro tipos de copo: copo de papel coberto com polietileno, de policarbonato (PC), de polipropileno (PP) e de poliácido láctico (PLA). Os copos de policarbonato são reutilizáveis.

O próximo passo é montar um esquema qualitativo para comparar a vida útil desses três tipos de copo. Nesse esquema, colocamos as matérias-primas de cada tipo de copo; e nesse quesito, os copos de papel e de PLA são os que usam matérias-primas renováveis (como vimos no capítulo anterior, eles vêm respectivamente da madeira das árvores e da fermentação do amido de plantas). Os copos de PP e PC vêm do petróleo, uma fonte não renovável, sendo obtidos após uma série de separações e transformações de alguns de seus componentes.

As próximas etapas envolvem pensar no processo de produção e embalagem dos copos. E, depois, ainda na sua distribuição. Eles vão ficar armazenados com o distribuidor e então serão transportados até o local do evento, para serem utilizados pelo consumidor. Após o uso, podem ter destinos diferentes: o copo de policarbonato, por exemplo, pode ser recolhido, limpo e reutilizado em outro evento. É preciso considerar também que uma parte dos copos será perdida, por estarem quebrados, por exemplo, e o material restante pode ser reciclado. Assim, os copos de papel, de PP ou de PLA podem ser encaminhados para a reciclagem (desde que haja, nunca é demais lembrar, uma coleta seletiva de tais materiais no evento, ou seja, lixeiras especialmente marcadas para receber copos usados, e não restos de comida). É importante considerar, também, que os quatro tipos de copo podem ser incinerados, para gerar energia. O PLA, sendo biodegradável, pode ser encaminhado para a compostagem.

Na análise completa do ciclo de vida de um material é preciso ainda considerar se alguma etapa gera emissão, por exemplo, de gás carbônico; tal fator é contabilizado e associado a um impacto ambiental, como a mudança climática. Para cada produto, são feitos cálculos ou estimativas de valores para as diversas categoria de impacto: consumo de combustíveis fósseis, dano à camada de ozônio, gases associados à chuva ácida ou ao aquecimento global etc. No final da análise, surge um panorama amplo do que realmente implica realizar determinada escolha. A análise pode ainda ser aliada a outra, dos custos de cada opção, para enfim chegar à ecoeficiência dos produtos.

Uma análise como essa, com os diferentes tipos de copo, foi realizada na Europa. Ela concluiu que, para pequenos eventos, o copo reutilizável de PC é o mais interessante do ponto de vista ambiental; mas, ao mesmo tempo, é a alternativa mais cara de todas. Já o copo de PP é o mais barato e tem valores de seus indicadores ambientais muito parecidos com os de papel e de PLA. No caso de grandes eventos, com mais de 30 mil pessoas, as perdas de copos reutilizáveis são maiores. Os quatro tipos de copo praticamente empatam no quesito ambiental, mas o copo de PP continua sendo o de menor custo financeiro.

Podemos concluir que mesmo uma análise qualitativa do ciclo de vida de um produto já nos permite visualizar quais dos seus aspectos são mais vantajosos ou problemáticos. Seguindo tal comportamento, podemos realizar escolhas um pouco mais bem informadas. Imagine o que aconteceria se os grandes consumidores de copos descartáveis comprassem somente aqueles considerados ambientalmente corretos numa análise como a descrita acima. O resultado seria imediato: as empresas concorrentes iriam fazer de tudo para ter produção, transporte e as demais etapas que envolvem o produto com o menor impacto possível. No exemplo que usamos, a empresa que produz copos de poliácido láctico anunciou que mudaria suas fontes energéticas, passando a comprar energia vinda de usinas eólicas e solares. A partir dessas mudanças, ela poderá, quem sabe, passar à frente dos concorrentes em uma análise futura.

Depois de um exemplo como esse, fica o convite para que você escolha algo que lhe interesse ou que use muito e descubra mais sobre o lugar de onde ele vem, quais materiais usa, como é produzido e o que é possível fazer com ele após o uso. Você pode elaborar um diagrama de blocos com as diferentes etapas do ciclo de vida do produto que escolheu e pensar nos diversos impactos ambientais que podem ser gerados em cada etapa.

ECODESIGN: MENOS PODE SER MAIS

Na hora de criar um produto novo, é muito importante pensar no ciclo de vida que ele terá, para que os impactos na natureza sejam os menores possíveis. Essa maneira de pensar, que leva em conta as questões ambientais, recebe o nome de ecodesign. Existem várias estratégias para intervir nas etapas do ciclo de vida de um produto e minimizar problemas futuros, como podemos ver na ilustração a seguir:

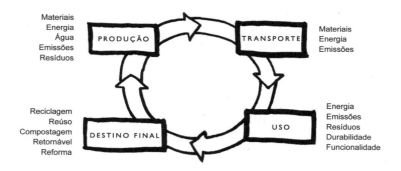

Na etapa de produção, as estratégias do ecodesign envolvem uma redução no uso de materiais, no gasto de energia e de água e a diminuição na geração de emissões e resíduos.

Quanto aos produtos em si, é possível alterá-los de modo que tenham características semelhantes, e às vezes até melhores, porém usando menor quantidade de materiais. Podemos notar, por exemplo, que, à medida que a tecnologia avança, existe uma tendência a deixar equipamentos e objetos cada vez menores. Como aconteceu no universo na música: discos de vinil, muito populares na década de 1970, apresentavam cerca de 45 minutos de música, divididos em seus dois lados; já os CDs, usando um décimo do material, tocam o dobro de tempo de música, são muito mais resistentes e permitem que você pule de uma música para a outra automaticamente. Mesmo assim, em termos de redução de material, eles não competem com os tocadores de MP3. Cabem tantos arquivos digitais em um aparelho desse tipo que praticamente se pode dizer que os CDs foram desmaterializados.

Mas a redução de materiais e recursos também pode ocorrer de maneira menos perceptível. Uma pequena mudança no design de uma embalagem, por exemplo, pode significar uma enorme economia de material. Compare as duas tampinhas de garrafa de refrigerante da foto:

A mais antiga, a da direita, tem uma massa de 2,49 g, ao passo que a da mais recente é de 2,39 g, ou seja, tem 4% menos material. Pode parecer pouco, mas imagine o impacto disso em 10 mil, ou em 1 milhão. No Brasil são consumidos bilhões de garrafas de PET por ano, por isso uma pequena diminuição no material é, no final das contas, extremamente significativa.

O transporte também é uma etapa muito importante na produção de bens de consumo, pois é responsável por um enorme gasto de combustível, normalmente vindo do petróleo, e também por emissão de poluentes. Então, se conseguimos fazer com que um produto fique mais leve, ocupe menos espaço ou empacote melhor (possibilitando que mais objetos caibam no mesmo veículo), estaremos minimizando os impactos dessa etapa do ciclo na natureza. Atualmente, alguns produtos são enviados em várias peças, sendo montados pelo consumidor, o que, em geral, facilita o transporte.

A fase de utilização do produto também pode afetar diretamente seu impacto ambiental. Uma lanterna ou um rádio podem utilizar pilhas ou baterias, um carregador solar ou mesmo uma manivela. O ideal é que o produto consuma o mínimo de energia possível e se mantenha funcionando por bastante tempo, tendo uma longa vida útil.

Uma maneira de aumentar a durabilidade de um produto é facilitar seu conserto e atualização. Essa, inclusive, foi uma tendência dos primeiros computadores pessoais. Você mantinha o mesmo aparelho por bastante tempo, colocando mais memória, trocando uma ou outra peça. Com os novos aparelhos portáteis, seguir tal procedimento se tornou mais difícil: as novas tecnologias vão substituindo as anteriores e cabe ao consumidor analisar se o novo produto oferece vantagens reais (menor consumo de energia, maior capacidade, facilidade de uso etc.) ou apenas mudanças estéticas e novos acessórios que serão pouco utilizados.

Um produto pode ter vários usos, e isso pode torná-lo mais eficiente. Se um só aparelho pode ser impressora, copiadora, scanner e fax, economizam-se espaço, materiais e transporte, para falar do básico. Objetos multifuncionais e versáteis são sempre interessantes, contanto que tenham uma boa performance e durabilidade.

Planejar, desde o nascimento, como será a fase final da vida de um produto é muito importante. Se a ideia é que ele possa ser reciclado, o designer tem de facilitar, usando apenas um material ou tornando a separação dos materiais mais simples. É importante, ainda, rotular os materiais, para que eles sejam reconhecidos como recicláveis pelo consumidor e nos centros de triagem de resíduos. Em alguns países, os consumidores recebem um valor em dinheiro ao retornar embalagens como garrafas de PET. Esse valor estava embutido no preço da bebida que foi comprada e retorna ao consumidor quando ele devolve a garrafa limpa no centro de reciclagem. Um método como esse faz com que as etapas de limpeza e de transporte do material ao local de reciclagem sejam um custo distribuído entre os consumidores. E garante que as embalagens não serão descartadas juntamente com o lixo comum.

Outra opção para aumentar a vida de um material é a reutilização. Ela é diferente da reciclagem, pois não transforma o produto em sua matéria-prima básica para refazê-lo por completo. Na reciclagem de papel, por exemplo, obtém-se uma polpa que vai gerar novas folhas seguindo o mesmo processo industrial. Quando, diferentemente, se produz um terno *a partir* de sacos de cimento, como já conversamos anteriormente, apenas damos uma nova forma e um novo uso ao material. Mesmo em algo banal e cotidiano, como reutilizar uma embalagem plástica que antes armazenava sorvete de massa para guardar alguma outra coisa, até chegar à produção de algo completamente novo e criativo a partir de algum produto que não serve mais para seu primeiro propósito, o hábito de reutilização é muito importante para estender a vida útil dos produtos. Além disso, a reutilização de resíduos pode gerar recursos e renda se aplicada em conjunto com o ecodesign, garantindo uma produção sustentável e com qualidade.

PRODUTO SUSTENTÁVEL

É importante perceber que uma nova tecnologia ou um novo produto são criados para atender a certo problema ou demanda. Ao resolvê-los, no entanto, é inevitável que surjam novas questões. Nesse caso, pode-se eliminar a nova tecnologia que os criou ou melhorar e reinventar tal tecnologia para que ela não cause mais aquele problema específico. Pode parecer simples eliminar a novidade, mas se ela foi criada para resolver algo, ao voltarmos atrás jogamos fora também a solução encontrada.

Então, para cada tecnologia (ou produto) que existe hoje, podemos fazer algumas perguntas: De onde veio essa tecnologia? Qual era o problema que ela tentava resolver? Quais as vantagens em relação ao que era feito antes? Quais são os problemas que podem surgir com o uso dessa tecnologia? Ela é realmente necessária? O que aconteceria se parássemos de usá-la hoje? O que uma nova tecnologia precisaria fazer para resolver ou minimizar os problemas da atual? Como podemos perceber, perguntas geram perguntas. Se focarmos no produto fabricado, teríamos outras mais: Quais são os critérios para que um produto seja considerado sustentável? O material utilizado é reciclado ou reciclável? É biodegradável? Contém substâncias tóxicas? Gera resíduos? Os materiais foram obtidos localmente, diminuindo impactos com transporte? Sua manufatura consome muita energia e água, gera resíduos tóxicos? Os trabalhadores envolvidos têm condições de trabalho e salários justos?

É muito difícil conseguir fazer um produto atendendo a todos esses critérios. Na verdade, o mais importante é avaliar esses critérios em comparação com os do produto que já existe. Alguns autores sugerem que os novos produtos precisam melhorar radicalmente o que existe hoje, especialmente em termos de eficiência energética. Porém, é preciso pensar também que esse tipo de preocupação simplesmente não existia há algumas décadas: assim, podemos perceber que ir na direção correta já conta bastante.

Nós comentamos um pouco sobre o ecodesign e suas estratégias. Mas o ecodesign não é a única maneira de tornar os produtos mais sustentáveis. Muitos problemas começam na fonte, na produção das matérias-primas. E, para mudar o modo como elas são formadas, precisamos de química. No caso, precisamos de uma "química verde".

TORNANDO A QUÍMICA MAIS VERDE

A química verde surgiu como uma maneira de juntar esforços para melhorar os processos utilizados nas indústrias químicas do ponto de vista ambiental. São vários os segmentos nos quais as indústrias químicas atuam. O maior, em termos de volume de produção, é o da indústria química de base, também chamada de indústria química pesada, no qual são produzidos os reagentes químicos que serão utilizados como matéria-prima nas outras indústrias. Quando falamos de materiais produzidos pela indústria de base, estamos tratando de milhões de toneladas por ano, e de preços por quilo na faixa de um real ou menos, de materiais como ácido sulfúrico, hidróxido de sódio, derivados do petróleo e gases como cloro, oxigênio e hidrogênio. O ácido sulfúrico é um dos reagentes mais produzidos no mundo, com cerca de 200 milhões de toneladas consumidas por ano — algo difícil até de imaginar. Para se ter uma ideia, 108 milhões de litros de ácido sulfúrico concentrado (densidade 1,84 g/cm^3) poderiam encher oitenta piscinas olímpicas oficiais de 25 m × 50 m × 2 m (com 2,5 milhões de litros cada). Não que você fosse querer nadar em uma delas! A maior parte desse ácido sulfúrico é usada na produção de fertilizantes.

A indústria de química fina trabalha com materiais mais refinados, que envolvem várias etapas em sua produção e cuja escala é bem menor que a da indústria de base. Tais produtos possuem maior valor agregado, geram mais resíduos na sua produção (por quilo de produto) e requerem maior investimento em pesquisa. Exemplos incluem fármacos (princípios ativos utilizados na produção de medicamentos) e catalisadores.

Outros segmentos da indústria química incluem a produção de materiais para a agricultura, tais como pesticidas, herbicidas e fertilizantes; de revestimentos, como tintas e vernizes; de produtos de limpeza e cosméticos, tais como detergente, sabão, xampu, pasta de dentes e perfume.

Para termos uma ideia do tamanho do que estamos falando, basta saber que o mercado brasileiro de produtos químicos gerou 126 bilhões de dólares em 2009, cerca de 3% do total mundial.

Quando se trata de indústrias que produzem enormes quantidades de materiais, em geral vale o ditado popular: em time que está ganhando não se mexe. É muito difícil modificar um processo quando os equipamentos têm um custo imenso. Por isso, as mudanças só acontecem quando se percebe que não se está ganhando tanto assim. Quando o custo ambiental é colocado na calculadora, quando as leis regulamentando o setor se tornam mais restritivas, em casos como esses as indústrias têm de se adequar. É claro que processos ambientalmente mais corretos podem ser mais lucrativos também — e é aí que entra a pesquisa em química verde, também chamada de química sustentável.

Mas o que seria, enfim, uma química verde? É — assim como vimos no design de produtos — aquela que, ao pensar no design de novas moléculas e de novos processos, também o faz de modo a minimizar impactos na natureza.

Em 1998, dois autores (Paul Anastas e John Warner) juntaram as ideias circulantes sobre o assunto em doze princípios da química verde, listados a seguir:

Prevenção
Economia de átomos

Síntese de produtos menos perigosos
Desenho de produtos seguros
Solventes e auxiliares mais seguros
Busca pela eficiência de energia
Uso de fontes renováveis de matéria-prima
Evitar a formação de derivados
Catálise
Desenho para a degradação
Análise em tempo real
Química intrinsecamente segura

No geral, podemos dizer que os princípios da química verde recomendam que se criem processos que evitem a geração de resíduos, aumentem a proporção das matérias-primas que acabam no produto final, produzam e utilizem substâncias seguras e não tóxicas e sejam eficientes no uso de energia.

O princípio 1, prevenção, indica que o melhor jeito de tratar de um resíduo é não criá-lo. Esse princípio pode parecer óbvio, mas nos lembra que é no projeto de um processo que o maior impacto pode ser sentido. Economizar átomos pode parecer o cúmulo da avareza, mas faz todo o sentido, pois é de átomo em átomo que se faz a diferença. Mas o que é esse conceito de economia de átomos? Imagine que você quer produzir uma substância e existem várias rotas para essa síntese. Vamos comparar algumas reações bem simples, que podem ser usadas para produzir o cloreto de sódio (sal de cozinha) no laboratório, a partir de reagentes diferentes. Observe a tabela a seguir.

Reação (massas moleculares dos reagentes)	Rendimento	Economia de átomos	Fator E
HCl (aq)+ NaHCO$_3$(aq) $\rightarrow$ NaCl (aq) + H$_2$O (l)+ CO$_{2(g)}$ (36,5)　　(84)　　　(58,5)　　(18)　　(44)	100%	58,5/120,5 × 100 = 48,5%	62/58,5 = 106%
½ Na$_2$CO$_3$ (aq) + ½ CaCl$_2$ (aq) $\rightarrow$ NaCl (aq) + ½ CaCO$_3$(s) (53)　　　　(55,5)　　　(58,5)　　　(50)	100%	58,5/108,5 = 53,9%	50/58,5 × 100 = 85,5%
HCl (aq) + ½ Na$_2$CO$_3$(aq) $\rightarrow$ NaCl (aq) + ½ H$_2$O (l) + ½ CO$_2$(g) (36,5)　　　(53)　　　(58,5)　　(9)　　(22)	100%	58,5/89,5 = 65,3%	31/58,5 × 100 = 53%
Na(s) + HCl(aq) $\rightarrow$ NaCl (aq) + ½ H$_2$(g) (23)　　(36,5)　　(58,5)　　　(1)	100%	58,5/59,5 = 98,3%	1/58,5 × 100 = 1,7%
Na(s) + ½ Cl$_2$(g) $\rightarrow$ NaCl (s) (23)　　(35,5)　　(58,5)	100%	100%	0%

Abaixo da reação, colocamos as massas, em gramas, dos reagentes e dos produtos na sua proporção ideal. O rendimento indica o quanto a reação avança na direção do surgimento dos produtos. Nem toda reação possui 100% de rendimento, pois outras reações podem ocorrer e levar a outros produtos, e algumas reações são reversíveis, ou seja, os produtos podem se transformar nos reagentes.

Todas as reações listadas ocorrem com 100% de rendimento, ou seja, todo reagente é convertido em produto. Mas fica claro que em algumas reações uma porcentagem maior da massa dos reagentes acabou no produto desejado, no caso o cloreto de sódio, $NaCl$. Para calcular a economia de átomos, pegamos a massa molar do produto desejado e dividimos pela soma da massa molar dos reagentes. A massa molar é a massa de um mol da substância e é calculada somando-se as massas atômicas de todos os átomos presentes. Assim, a massa molar do cloreto de sódio é a soma da massa do sódio (23 gramas por mol) e do cloro (35,5 gramas por mol), dando 58,5 gramas por mol. Se a fórmula apresenta mais de um átomo do mesmo elemento, como na da água (H_2O), temos de multiplicar a massa do átomo pelo índice da fórmula: $2 \times 1 + 16 = 18$ gramas por mol. As massas atômicas são retiradas da tabela periódica.

Outro parâmetro que nos diz a quantidade de resíduos que estamos gerando é o fator E, que é calculado dividindo a massa de coprodutos gerados pela massa do produto. Nesse caso, quanto menor o valor de E, melhor é o processo, pois a quantidade de resíduo gerada é menor por quilo de produto.

Podemos perceber que a ideia da economia de átomos é basicamente a de inserir no produto o máximo dos átomos de um reagente. Átomos não aproveitados vão para os resíduos. Existem duas maneiras de realizar a síntese de uma substância química. Na primeira, colocamos em um recipiente as quantidades nas proporções ideais dos reagentes. Terminada a reação, retiramos os produtos e separamos aquilo que queremos. Outra maneira é colocar continuamente os reagentes e retirar continuamente os produtos. Para realizar esse tipo de processo, em geral se usam catalisadores que, como vimos, aceleram as reações químicas. Mais do que isso: se um processo der origem a mais de um produto, alguns catalisadores conseguem acelerar apenas a reação que desejamos, aumentando, assim, a seletividade da reação. Outra característica importante dos catalisadores é o fato de que eles atuam em ciclos. Ao final do ciclo, o catalisador volta à sua forma original e pode realizar outro ciclo, e assim por diante. Podemos ter catalisadores dissolvidos no meio da reação ou na fase sólida. Nesse último caso, fica bem mais fácil separar e recuperar o catalisador.

Um exemplo de catalisador usado fora das indústrias e dos laboratórios é aquele que fica no cano de escape dos gases nos automóveis: uma "colmeia" de cerâmica com furos para a passagem dos gases, que contém, em sua superfície porosa, metais nobres como a platina, o paládio e o ródio, os catalisadores. O gás que sai da queima do combustível possui, além de gás carbônico e água, uma variedade de compostos que são poluentes. Isso porque pode haver combustível não queimado ou que sofreu combustão incompleta, além de monóxido de carbono e óxidos de nitrogênio (vindos da reação do nitrogênio e oxigênio do ar, devido às altas temperaturas no motor). Os catalisadores que estão no escapamento têm de converter todas essas moléculas em produtos menos poluentes enquanto o gás atravessa a cerâmica.

Catalisador de carro.

Catalisadores podem ativar pequenas moléculas, como H_2, O_2, H_2O_2, e inserir esses átomos no produto final. Água oxigenada, H_2O_2, é uma opção atrativa quando comparada com outros oxidantes, pois o único resíduo gerado em suas reações é a água. O uso de oxigênio molecular é ainda mais interessante, pois ele pode ser retirado do ar, de graça, mas é muito mais difícil ativar e controlar as suas reações.

Um exemplo do uso de catalisadores na indústria ocorre na produção do óxido de propileno, um composto muito utilizado em uma extensa gama de processos industriais, com mais de 7 milhões de toneladas produzidas anualmente. Por ter um anel de três membros, é uma molécula muito reativa, tendendo a se abrir e se ligar a outras moléculas. É utilizado na síntese de poliuretanos, os polímeros usados em espumas, colchões e inúmeros outros produtos. Um novo processo de produção do óxido de propileno recebeu recentemente, em 2010, o prêmio dado aos melhores processos de química verde.

Para entendê-lo, veja a ilustração a seguir:

O processo mais antigo está exemplificado na equação 1. O óxido de propileno é representado pela fórmula marcada com um círculo. Adicionando-se cloro e água na ligação dupla do propileno, obtêm-se compostos intermediários que, após o tratamento com uma base (o hidróxido de cálcio é muito usado), produzem o óxido de propileno e o sal como resíduo. Outro processo muito utilizado (equação 2) envolve a oxidação ao mesmo tempo do propileno e de um hidrocarboneto, em geral o isobuteno ou o etilbenzeno. O hidrocarboneto acaba como um tipo de álcool, que pode ser aproveitado posteriormente. O problema é que, se a demanda por óxido de propileno aumentar muito, os outros subprodutos não utilizados irão sobrar, diminuindo seu valor. Já o processo mais recente (equação 3) utiliza água oxigenada como oxidante. O catalisador desenvolvido consegue converter toda a água oxigenada, com alto rendimento e seletividade, gerando apenas água como subproduto.

Um dos segredos do sucesso desse catalisador é que ele é sintetizado como um sólido, ou seja, com uma estrutura de poros e canais muito pequenos, de dimensões moleculares. Sólidos assim são chamados de peneiras moleculares, pois apenas moléculas com o tamanho correto conseguem entrar e sair da estrutura. Como a reação ocorre dentro dos poros, é como se tivéssemos um tubo de ensaio do tamanho das moléculas dos reagentes. Os cientistas conseguem manipular o tamanho desses poros e o ambiente no seu interior, "afinando" o catalisador para a reação desejada. A proximidade dos reagentes dentro dos microporos faz com que a reação ocorra com mais facilidade.

Uma característica importante dos catalisadores sólidos é a área de contato com os reagentes. Isso vale para qualquer reação química envolvendo sólidos. Uma palha de aço, por exemplo, enferruja muito mais rápido que uma barra de ferro. Como somente a superfície fica exposta e participa da reação, quanto maior sua área superficial, melhor o catalisador vai funcionar. Para aumentá-la, em geral são utilizados sólidos porosos como catalisadores. Como os poros aumentam a área? Faça o experimento a seguir para entender melhor como isso funciona.

MATERIAL

Folhas de papel A4
Papelão
Cola

MÃOS À OBRA

Pegue duas folhas de papel A4 e cole a ponta de uma na da outra, como se elas fossem contínuas. Dobre uma faixa da folha para dentro, com cerca de 3 cm de distância da beirada. Dobre novamente na direção oposta (para fora), seguindo a mesma medida, e continue dobrando até formar uma sanfona. Corte um pedaço de papelão do tamanho de uma folha A4. Em uma das faces do papelão, cole uma outra folha de papel A4 lisa (sem dobras). Do outro lado do papelão, cole uma das pontas da sanfona e tente ajeitá-la para que ela caiba exatamente sobre ele, apertando a sanfona se for necessário.

Observe a área da face do papelão em que foi colada a folha A4 sem dobraduras e, depois, vire-o. A face com dobras ocupa a mesma área daquela sem dobras? Mas, afinal, qual é a área da superfície? Para saber, basta esticar o papel.

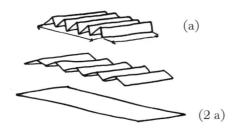

O QUE ESTÁ ACONTECENDO?

Quando esticamos o papel, notamos que a área da superfície com dobras é o dobro da área lisa, já que usamos duas folhas para fazer a sanfona. Mas, com as dobras, a folha coube no espaço em que apenas uma caberia. Se estendermos esse exemplo para os materiais porosos, vamos perceber que um sólido pode ter vales e montanhas, como no nosso modelo, e ainda ser completamente furado, como uma esponja. E mais: os poros, que são esses furos, podem ser microscópicos. Os catalisadores mais usados são sólidos microporosos, cujos poros têm dimensões nanométricas. Isso faz com que um sólido possa ter uma área superficial imensa, de até 3 mil m^2 por grama, como acontece, por exemplo, com o carvão ativo.

No processo do óxido de propileno, o sólido usado é uma zeólita em cuja estrutura foram incorporados átomos de titânio. A água oxigenada reage com o titânio, formando uma espécie ativa que oxida o propileno. Após transferir o átomo de oxigênio ao propileno, o titânio se regenera e está pronto para reagir novamente com a água oxigenada, e assim a reação prossegue, por muitos e muitos ciclos. Zeólitas são minerais que ocorrem naturalmente ou podem ser sintetizados. São aluminossilicatos, nos quais a quantidade de alumínio e de silício pode variar muito. Zeólitas são usadas como catalisadores ou como suporte de catalisadores em inúmeros processos industriais, especialmente na indústria do petróleo, permitindo melhores rendimentos, temperaturas mais baixas, cortando etapas e reduzindo a necessidade de purificação dos produtos.

Funcionamento do catalisador de titânio.

A SOLUÇÃO PARA OS SOLVENTES

O uso de solventes é uma etapa que sempre complica o processamento do material. Muitos solventes são tóxicos, voláteis e inflamáveis. Para completar, o solvente deve ser retirado ao final do processo para separar o produto final, e esse é um momento que consome energia. O ideal, portanto é, quando possível, não usar solventes, ou ao menos minimizar seu uso e sempre reaproveitá-los. Outra possibilidade é usar um solvente que não seja tóxico e que seja fácil de descartar. Poderíamos, por exemplo, usar o dióxido de carbono como solvente. Mas você deve estar se perguntando se isso é possível, sendo que ele é um gás. Na verdade, o CO_2 não precisa ter, necessariamente, essa forma. Basta aumentar bastante a pressão para que ele se transforme em líquido. No interior de um extintor de incêndio, por exemplo, temos dióxido de carbono líquido. A partir de certa pressão e temperatura, temos o dióxido de carbono supercrítico: aquele no qual passamos da temperatura e pressão críticas (31 °C e 73 atm, no caso do CO_2), fazendo com que tenha propriedades intermediárias, entre os estados gasoso e líquido.

A molécula de CO_2 é apolar, e conseguimos dissolver reagentes no fluido. No final da reação, basta diminuir a pressão que o solvente vai embora. Uma das aplicações desse solvente é na extração de cafeína do café, para produzir a variedade descafeinada.

Refletindo sobre tudo o que discutimos até aqui, percebe-se que, para caminharmos na direção de produtos e processos mais sustentáveis, muito trabalho ainda deve ser feito. Não há dúvidas de que muitas mudanças ainda precisam e vão ocorrer. Elas inclusive já estão acontecendo, em algumas áreas mais profundamente do que em outras. Certamente é melhor que elas sejam planejadas e ocorram agora antes de serem forçadas a ocorrer por circunstâncias mais críticas.

Químicos devem pesquisar alternativas que nos permitam obter materiais de que necessitamos, porém levando em conta os resíduos gerados e a energia gasta e buscando gerar ciclos em que a matéria-prima possa ser reaproveitada. Do mesmo modo, designers devem incorporar a realidade atual, pensando em todo o ciclo de vida do produto e nos impactos que ele irá gerar. E criar produtos duráveis, que utilizem um mínimo de recursos e, ao mesmo tempo, sejam funcionais e atraentes.

Por fim, todos nós, consumidores, podemos influir de maneira decisiva nessas mudanças: entendendo de onde vêm, como utilizar e descartar os produtos que consumimos no nosso dia a dia e, principalmente, fazendo escolhas ponderadas e conscientes sobre aquilo que compramos.

sugestões
de atividades

CAPÍTULO 1 —— RADIOATIVIDADE: EXPLORAÇÕES DO INVISÍVEL

ATIVIDADE 1: RADIOATIVIDADE EM AÇÃO

Não vou sugerir que você faça experimentos para entender a radioatividade, pois, além das questões de segurança, não é fácil encontrar materiais radioativos. Mesmo assim, é possível visualizar fenômenos ligados à radioatividade através de vídeos, como alguns produzidos por mim e por Leandro Henrique Fantini, disponíveis na página do projeto pontociência http://pontociencia. org.br/radioatividade.htm, na coleção de radioatividade.

Em *O experimento de Becquerel*, por exemplo, nós apresentamos a história das primeiras investigações ligadas à radioatividade e reproduzimos o experimento de Becquerel usando filme fotográfico preto e branco e um composto de urânio. Outro vídeo, chamado *O mistério de Rutherford*, mostra um experimento com sal de urânio, alumínio e um detector Geiger, para depois mostrar, através de uma animação, o que ocorre com as partículas alfa e beta emitidas pelo urânio. O vídeo *O desvio da partícula beta* mostra um experimento com uma fonte de estrôncio-90 que emite partículas beta, também com uma animação ao final que explica o que aconteceu. Por fim, em *Partículas alfa e beta* vemos a diferença de penetrabilidade das radiações alfa e beta.

ATIVIDADE 2: QUANDO TUDO DÁ ERRADO

Em sua classe, agrupe-se de maneira a ter cinco grupos. Cada uma irá pesquisar — para depois apresentar a toda a turma — os principais acidentes envolvendo material radioativo e usinas nucleares:

Three Miles Island, nos Estados Unidos, em 1979

Chernobyl, na antiga União Soviética, em 1986

Goiânia, no Brasil, em 1987

Fukushima, no Japão, em 2011

Algumas questões que podem orientar a sua pesquisa são:

— Quais foram as causas do acidente? Ele poderia ter sido evitado? Como?

— Quais foram as consequências do ocorrido?

— Como está o local do acidente agora?

ATIVIDADE 3: O PODER DOS ÁTOMOS

Uma das épocas em que a radioatividade ficou mais presente no imaginário das pessoas foi o período após a Segunda Guerra Mundial, nos anos 1950, e durante a Guerra Fria. Diversos vídeos, disponíveis na internet, mostram aspectos da relação complexa que se criou com a energia nuclear: de um lado, a tentativa de preparar a população para a possibilidade de um ataque com bombas atômicas; e por outro, a exaltação das possibilidades de uso pacífico da radioatividade. Para discutir sobre esse período, assista aos seguintes vídeos:

A is for Atom, 1953
Este vídeo discute a energia nuclear e usa uma analogia em que a tabela periódica se transforma em uma cidade, e seus habitantes são átomos. A fissão do urânio é demonstrada e as formas de utilização da radioatividade para fins pacíficos são apresentadas, como o funcionamento de um reator nuclear.

Duck and Cover, 1951
Produzido pela Defesa Civil americana durante a Guerra Fria, este filme mostra como se comportar no caso de um ataque nuclear. Embora as situações mostradas pareçam cômicas nos dias de hoje, é interessante discutir o que gerou esse tipo de situação e comparar a ameaça nuclear soviética com a atual "guerra ao terror".

CAPÍTULO 2 — DESIGN MOLECULAR E A QUÍMICA MEDICINAL

ATIVIDADE 1: MODELOS

Você pode construir seus próprios modelos moleculares e investigar as várias possibilidades de combinação.

Existem diversos tipos de modelos moleculares disponíveis, desde os kits comerciais, feitos de plástico, até alternativas que podem ser construídas com material bem acessível. Dentre aqueles do tipo "faça você mesmo", podemos citar modelos feitos com bolas de isopor e varetas, massa de biscuit, arames e miçangas, balões de aniversário e garrafas de PET, entre outros. Cada tipo de átomo recebe uma cor diferente, segundo um código de cores padrão usado geralmente. Átomos de carbono recebem a cor preta, o hidrogênio fica com a cor branca e átomos de oxigênio usam o vermelho. O azul é reservado para o nitrogênio.

Investigue quantos isômeros são possíveis para os hidrocarbonetos de cadeia aberta, por exemplo, que possuem de um a seis átomos de carbono.

ATIVIDADE 2: MOLÉCULAS FAMOSAS

Investigue a vida de algumas moléculas e descubra de onde elas vieram e como funcionam. Dividam-se em grupos, para que cada grupo receba uma molécula. Além de pesquisar sobre essa molécula, seu grupo poderá construir o modelo da sua estrutura. Ao final, pode ser montada uma pequena exposição, mostrando os resultados do trabalho e os modelos construídos.

Algumas sugestões de moléculas "famosas" que possuem atividade biológica:

Adrenalina

Aspartame

Cafeína

Cocaína

Nicotina

Aspirina

Ácido ascórbico

Melatonina

Vanilina

AZT

Testosterona

Fluoxetina

Serotonina

Glutamato monossódico

CAPÍTULO 3 — MATERIAIS, DESIGN E PRODUTOS

ATIVIDADE 1: OUTROS MATERIAIS

Da mesma forma como estudamos o papel, sua fabricação e propriedades, você pode estudar outros materiais, como vidro, plástico e cerâmica. Veja a lista de referências bibliográficas sobre diferentes aspectos desses materiais:

Polímeros

MATEUS, A. L. e MOREIRA, M. G. *Construindo com* PET: *como ensinar truques novos a garrafas velhas*. São Paulo: Livraria da Física, 2005.

PEREIRA, R. C. C.; MACHADO, A. H. e SILVA, G. G. "(Re) conhecendo o PET". São Paulo: *Química Nova na Escola*, n. 15, pp. 3-5, 2002.

Papel

SANTOS, C. P.; REIS, I. N.; MOREIRA, J. E. B. e BRASILEIRO, L. B. "Papel: como se fabrica?". São Paulo: *Química Nova na Escola*, n. 14, pp. 3-7, 2001.

Vidro

ALVES, O. L.; GIMENEZ, I. F. e MAZALI, I. O. *Cadernos temáticos de Química Nova na Escola*, 2001.

Cerâmicas

CHAGAS, A. *Argilas: as essências da terra*. São Paulo: Moderna, 1996.

Outros materiais

DURÃO JÚNIOR, W. A. E WINDMÖLLER, C. C. A. "Questão do mercúrio em lâmpadas fluorescentes". São Paulo: *Química Nova na Escola*, n. 28, pp. 15-9, 2008.

NASCIMENTO, R. M. M.; VIANA, M. M. M.; SILVA, G. G. e BRASILEIRO, L. B. "Embalagem cartonada longa vida: Lixo ou luxo?". São Paulo: *Química Nova na Escola*, n. 25, pp. 3-7, 2007.

CAPÍTULO 4 — NÓS NÃO QUEREMOS MAIS PRODUTOS!

ATIVIDADE 1: CUMPRINDO TABELA

Investigue os resíduos gerados na sua residência e coloque o resultado na forma de uma tabela. Agrupe os materiais em termos de sua durabilidade, da possibilidade de serem reciclados ou irem para a compostagem e da presença de materiais tóxicos.

ATIVIDADE 2: CICLO DE VIDA

Mais uma vez divididos em grupos, façam um trabalho a respeito do ciclo de vida de um produto. Na hora de escolher o seu produto, tente encontrar um simples, que contenha poucos materiais. Pode ser qualquer coisa, desde uma embalagem qualquer, uma garrafa de PET ou de vidro, ou até uma caneta. Em seguida, seu grupo deve pesquisar qual é o processo de produção de cada material utilizado no produto. Qual é a matéria-prima utilizada e como ela é transformada no material usado no produto? Que impactos ambientais podem ser associados a essa produção? Em seguida, pesquise as etapas utilizadas na transformação do material no produto. Por exemplo, no caso de uma garrafa, como o vidro ou o plástico são transformados em garrafa? Quais são os impactos associados a essa etapa?

Pesquise as etapas seguintes do ciclo de vida: o transporte e uso do produto, seu descarte e a possibilidade de reciclagem ou reúso. Para cada etapa, descreva os impactos envolvidos. Para mais informações sobre este projeto, consulte o artigo publicado na revista *Química Nova na Escola*:

MACHADO, A. H.; BRASILEIRO, L. B. e MATEUS, A. L. "Articulação de conceitos químicos em um contexto ambiental por meio do estudo do ciclo de vida de produtos". São Paulo: *Química Nova na Escola*, n. 31, pp. 231-4, 2009.

ATIVIDADE 3: CATALISADORES EM AÇÃO

Você pode realizar diversos experimentos para explorar melhor o tema dos catalisadores. Veja alguns exemplos no portal pontociência:

A volta do catalisador
http://pontociencia.org.br/experimentos-interna.php?expe
rimento=735&A+VOLTA+DO+CATALISADOR

Catalisador automotivo
http://pontociencia.org.br/experimentos-interna.php?expe
rimento=745&CATALISADOR+AUTOMOTIVO

Decomposição da água oxigenada
http://pontociencia.org.br/experimentos-interna.php?expe
rimento=26&DECOMPOSICAO+DA+AGUA+OXIGENADA

Combustão do açúcar

http://pontociencia.org.br/experimentos-interna.php?experimento=106&A+COMBUSTAO+DO+ACUCAR

agradecimentos

Escrever *Química em questão* foi um projeto muito diferente daqueles que eu já havia realizado, ao mesmo tempo desafiador e bastante prazeroso. Sem dúvida, esse trabalho se tornou muito mais fácil com a ajuda de algumas pessoas. Quero agradecer muito à Nísia Trindade Lima pelo convite e ao Ildeu de Castro Moreira, que me indicou para a tarefa. Nísia e Filipe Porto leram todo o texto à medida que ele foi sendo produzido e deram inúmeras sugestões, pelas quais eu fico muito agradecido.

Agradeço também à professora Glaura Goulart Silva e ao professor Rochel Monteiro Lago, do departamento de química da UFMG, pelas conversas, ideias e imagens cedidas.

Minha esposa, Deise Prina Dutra, minha irmã Andréa Mateus e o amigo Yoshinori Miyazaki também fizeram sugestões após lerem partes do texto e a eles eu agradeço não só a ajuda, mas o incentivo e o apoio.

Meus colegas e alunos do Colégio Técnico da UFMG me proporcionam um ambiente rico em discussões e oportunidades. Trabalhar e colaborar com a Andréa Horta Machado, com o Hélder de Figueiredo e Paula e com a Lilian Borges Brasileiro, especialmente, é algo que me impulsiona a querer sempre continuar criando. Muito do que está no livro surgiu como material para ser usado nas minhas aulas de química ambiental do curso técnico em química. Minhas colegas de divulgação científica na UFMG Adlane Vilas Boas e Débora D'Ávila Reis também têm contribuído muito no meu trabalho e como exemplos de que se pode sempre inovar nessa área. A equipe do projeto pontociência tem um lugar especial nestes agradecimentos, não só pelo trabalho fantástico que realiza, mas pelo convívio de todos os dias.

Por fim, sou muito grato à Júlia e à Lilia, da Editora Claro Enigma, que colaboraram imensamente para chegarmos ao texto final.

referências bibliográficas

ANASTAS, P. T. e WARNER, J. C. *Green Chemistry: Theory and Practice.* Nova York: Oxford University Press, 1998.

DATSCHEFSKI, E. *The total beauty of sustainable products.* Rotovision, 2001.

LENARDÃO, Eder João et al. "Green chemistry: os 12 princípios da química verde e sua inserção nas atividades de ensino e pesquisa". In *Química Nova* [on-line]. 2003, vol. 26, n. 1, pp. 123-9.

MCDONOUGH, W. e BRAUNGART, M. *Cradle to Cradle: Remaking the Way We Make Things.* Nova York: North Point Press, 2002.

FUNDAÇÃO OSWALDO CRUZ

PRESIDENTE
Paulo Gadelha

VICE-PRESIDENTE DE ENSINO, INFORMAÇÃO E COMUNICAÇÃO
Nísia Trindade Lima

EDITORA FIOCRUZ

DIRETORA
Nísia Trindade Lima

EDITOR EXECUTIVO
João Carlos Canossa Mendes

EDITORES CIENTÍFICOS
Gilberto Hochman e Ricardo Ventura Santos

CONSELHO EDITORIAL
Ana Lúcia Teles Rabello
Armando de Oliveira Schubach
Carlos E. A. Coimbra Jr.
Gerson Oliveira Penna
Joseli Lannes Vieira
Lígia Vieira da Silva
Maria Cecília de Souza Minayo

ESTA OBRA FOI COMPOSTA POR OSMANE GARCIA FILHO EM WALBAUM
E IMPRESSA PELA GRÁFICA BARTIRA EM OFSETE SOBRE
PAPEL PÓLEN BOLD DA SUZANO PAPEL E CELULOSE PARA
A EDITORA CLARO ENIGMA EM MARÇO DE 2013

A marca FSC® é a garantia de que a madeira utilizada na fabricação do papel deste livro provém de florestas que foram gerenciadas de maneira ambientalmente correta, socialmente justa e economicamente viável, além de outras fontes de origem controlada.